21世紀の工作機械と設計技術

モノづくりの基本

切削加工機

工作機械加工技術研究会編（代表：幸田盛堂）

大河出版

◇執筆者一覧

幸田	盛堂	工作機械加工技術研究会・コーディネータ
杉江	弘	三菱電機・先端技術総合研究所・部長
井原	之敏	大阪工業大学工学部機械工学科・教授
酒井	茂次	DMG森精機・複合加工機開発部長
大西	賢治	OKK・技術本部長
畦川	育男	OKK・技術開発部マネージャ
角田	庸人	安田工業・技術本部長
袴田	隆永	オークマ・第5商品開発プロジェクトリーダー

目次

はじめに ……………………………………… i

第1章 工作機械産業と国際競争力 ……… 3

- 1. モノづくりと機械加工環境の変化
- 2. 製造業の競争力の源泉
- 3. 生産財としての工作機械
- 4. 工作機械産業と国際競争力

第2章 工作機械に必要な剛性と加工性能 … 13

- 1. 生産プロセスにおける工作機械の役割
- 2. 工作機械に要求される機能とその価値
- 3. 工作機械の特質と基本特性

第3章 静剛性 ………………………………… 19

- 1. 工作機械に作用する力と静剛性
- 2. 静的変形特性と予圧(予荷重)
- 3. 構造物・工作物の質量による変形
- 4. 切削力による変形

第4章 動剛性 ………………………………… 25

- 1. 工作機械に作用する動的力と動剛性
- 2. 工作機械構造の動特性
- 3. 過渡振動と外来振動の影響
- 4. 工作機械構造の動剛性とびびり振動

第5章 熱剛性 ………………………………… 35

- 1. 工作機械の熱変形挙動
- 2. 熱変形機構と一時遅れ系の特性
- 3. 熱変形解析と境界条件
- 4. 冷却法とその効果
- 5. 熱変形対策と精度補償技術

第6章 切削加工機の基本構成と設計 … 45

- 1. 工作機械の基本構成
- 2. 加工機の生産とマーケティング
- 3. 工作機械の開発と設計力
- 4. 設計品質と品質ロスコスト

第7章 主軸系の基本設計と性能評価 … 65

- 1. 主軸系構造の変遷
- 2. 主軸の高速化と軸受・潤滑技術
- 3. 主軸系の要求仕様と技術課題
- 4. 主軸系の剛性
- 5. 主軸の回転精度
- 6. 主軸系の熱変位とその対策

第8章 送り系の基本設計と性能評価 … 69

- 1.送り速度の高速化の変遷
- 2.すべり・ころがり案内の構造と特徴
- 3.送り系の構成とサーボ性能
- 4.送り系の摩擦特性
- 5.送り系の剛性
- 6.送り系の位置決め精度
- 7.送り系の輪郭精度
- 8.送り系の熱変位とその対策
- 9.高速，高精度加工のための制御技術

第9章 最新NC技術と開発動向 ………… 87

- 1.NCシステムの構成
- 2.NC制御性能の進化
- 2.1 指令の高分解能化
- 2.2 サーボドライブの進化
- 2.3 サーボモータの進化
- 3.機械精度向上機能
- 3.1 モデルに基づく機械誤差補正技術
- 3.2 主軸と送り軸の同期制御
- 3.3 機械共振抑制制御
- 3.4 主軸モータの温度補正
- 4.高速・高品位加工機能
- 4.1 最適速度制御(SSS制御)
- 4.2 工具先端点制御
- 5.使いやすさの向上
- 5.1 5軸加工機の工具ハンドル送り
- 5.2 5軸加工機の傾斜面加工
- 5.3 機械干渉チェック機能
- 5.4 プログラム作成支援機能
- 5.5 サーボパラメータ調整支援機能
- 5.6 機能安全への対応
- 6.NCの今後の展開

第10章 NC工作機械の運動誤差と　　精度評価 ………………… 97

- 1.運動誤差とは
- 2.誤差の種類と補正
- 3.ボールバーを用いた機械の運動誤差測定
  [1]誤差測定法としての円運動測定
  [2]ボールバーを用いた運動誤差原因の診断
- 4.高精度な運動誤差の測定を目指して
- 5.多軸制御工作機械の運動誤差測定
  [1]5軸MCの精度概論
  [2]従来の運動誤差測定規格
  [3]新しい5軸MCの運動誤差測定規格

第11章 工作機械の仕様と技術動向 ……107

- 1.NC工作機械の進化
- 2.NC旋盤とMCの多軸化・複合化
- 3.工作機械の加工対象と技術開発動向
- 4.金型加工用工作機械の要求仕様と課題
  [1]金型のならい加工からNC加工へ
  [2]金型加工の特徴と加工面品位
  [3]金型加工機の設計品質と性能評価
- 5.量産部品加工機の要求仕様と課題
  [1]トランスファマシン加工からFTLへ

[2]量産加工の特徴と信頼性
　　[3]量産部品加工ラインの構成
・6.特殊部品加工用工作機械の仕様と課題
　　[1]GCの発展経緯
　　[2]GCの特徴と要求性能
　　[3]GC加工支援技術と加工事例

第12章 NC旋盤・複合加工機の機能と加工例 ………………… 121

・1.NC旋盤の発展経緯
・2.NC旋盤の多軸化・多機能化
・3.複合加工機の構成と加工内容
・4.複合加工機の要求事項と導入効果
・5.複合加工機を支える技術
　　[1]ビルトイン・モータ・タレット
　　[2]ダイレクト・ドライブ・モータ
　　[3]ロングボーリングバー
　　[4]研削加工
　　[5]同時5軸制御加工の高機能化
　　[6]オペレーションシステム
　　[7]環境対応
・6.複合加工機の最新事例
　　[1]複合加工機
　　[2]ハイブリッド加工機
・7.複合加工機の加工ワーク例
　　[1]ホブ加工(歯切り)
　　[2]スピニング，ターンミル加工
　　[3]インペラ加工

・8.今後の開発課題

第13章 立型マシニングセンタの機能と加工例 ………………… 131

・1.立型マシニングセンタの機能
　　[1]構造上の特徴
　　[2]剛性について
　　[3]操作性
　　[4]効率化への対応
　　[5]量産ライン対応
　　[6]4軸・5軸制御への対応
・2.要求仕様
・3.デザインポリシと剛性
・4.立型MCの例
・5.5軸MCの特徴と加工事例
　　[1]難削材加工
　　[2]高能率金型加工
　　[3]航空機部品加工

第14章 横型マシニングセンタと加工例 ………………… 143

・1.横型MCの基本構造
・2.コラム前後移動タイプの特徴
・3.コラム左右移動タイプ横型MC
・4.横型MCをベースとした5軸加工機
・5.テーブル・オン・テーブルタイプ5軸機
・6.トラニオンタイプ5軸機
・7.今後の開発動向

第15章 門型マシニングセンタと加工例 ……………… 157

- 1.門型MCとは
- 2.門型MCの発展経緯
- 3.門型MCの機能と加工用途
- 4.プレス金型の加工事例
- 5.金型加工面品位の評価
- 6.今後の開発動向

執筆者プロフィール …………………… 167

はじめに

「機械をつくる機械」として「マザーマシン（母なる機械）」とも呼ばれる工作機械は，その国の工業水準のバロメータとなる機械であり，"Made in Japan"ブランドで代表される日本のモノづくりに最大の貢献をしてきた機械である．

工作機械そのものは一般にはなじみの薄い機械であるが，我々の身のまわりの日用品や工業製品のほとんどが，その生産プロセスにおいて，多様な工作機械に大きく依存しているといっても過言ではない．それらの製品の生産プロセスを知れば意外と身近な機械であることが理解できるだろう．

このように特異な一面をもつ工作機械であるが，その設計方針は一般の産業機械とは大きく異なっており，それだけに開発設計者にとっては魅力のある設計対象である．また，使用者は工作機械の機能や特性を理解することにより，モノづくり力（製造力）をさらに高めることができると考えている．

日本の経済成長に伴い工作機械産業も発展し，1982（昭和57）年には生産額で米国を追い抜き，それ以来27年間，世界一の座を確保してきた．2008（平成20）年のリーマン・ショックの影響で，中国に世界一の座を明け渡したものの，日本の工作機械産業はいまもなお国際競争力の強い産業として，工作機械の技術力はいまだ世界一の実力を持っていることは，いくつかの統計数字からも明らかである．

こうしたグローバルな経済環境の中で，今後とも世界一の技術力を確保・維持していくためには，「モノづくりは人づくり」といわれるように，結局のところ最後は人であり，日本の工作機械技術（失敗例などの負の技術遺産を含めて）の伝承と若手の育成こそ，今後の日本の工作機械産業の国際競争力の源泉となる．

このような想いから，2010年に公益社団法人大阪府工業協会において，工作機械加工技術研究会が発足し，その道の専門家による技術講演を中心に，技術交流会や工場見学等を交え，実務レベルでの観点で役立つ最新情報を提供し，工作機械・機械加工技術の向上と若手の教育機会づくりに貢献してきた．参加者にとっては現状の最先端技術に触れ，そして同業・異業種の技術者との交流による人脈づくりの機会となり，また自分自身の立ち位置を自覚（ポジショニング）することができる絶好の機会となってきた．

これらの技術講演のなかから，選りすぐりの工作機械・機械加工に関する講演内容を29テーマに集約し，21世紀の工作機械および加工技術に関する生きた参考書になることを念頭に，各分野の第一人者の方々に執筆を頂き，まとめたのがこの本である．

読者の学習のツールとして利用しやすいように「切削加工機」編と「機械加工と切削工具」編に分けた．工作機械の専門書，機械加工の専門書は多数出版されているが，工作機械の基本と最新技術，そしてそれらと機械加工との係わり合いを明確にした専門書は少ない．設計者，研究者と生産技術者の目線で，改めて工作機械と機械加工，そしてそれらに関連する周辺技術の全体像と最新動向について解説した．

広範な内容をよりわかりやすく，各節ごとに単独で読んで理解でき完結するように配慮し，さらなる学習・研究のために各章末尾に参考文献を紹介した．参考文献に挙げた日本機械学会や精密工学会などの学会誌・論文など学会関係の刊行物は「科学技術情報発信・流通総合システム（J-STAGE）」で，またJIS規格については「日本工業標準調査会（JISC）」のホームページから無料で閲覧ができるので，有効に活用して頂きたい．なお資料の関係で旧単位系の表示もあるが，SI単位系で読みかえて頂きたい．

本書の執筆にあたり多数の著書，文献，各企業の会社案内，カタログ，資料，ホームページ等から多数の写真

や図表を引用している．また，引用した図表については用語の統一と，より鮮明にわかりやすくするため一部修正・加筆した部分がある．ここに記して感謝の意を表します．とりわけ，一般社団法人日本工作機械工業会からは数多くの資料の提供を受け，幅広く引用させて頂いた．ここに厚く御礼申し上げる．

　おわりに，工作機械加工技術研究会の立ち上げ，そして毎年度の開催にご尽力頂いた公益社団法人大阪府工業協会振興部長の三栖博司氏，同部課長代理の今奈良雄太氏に感謝申し上げる．

2016年11月
執筆者を代表して
公益社団法人大阪府工業協会「工作機械加工技術研究会」コーディネータ　幸田　盛堂

1 工作機械産業と国際競争力

1. モノづくりと機械加工環境の変化[1]

日本のモノづくりは"Made in Japan"のブランドで代表されるように，高度に自動化された工作機械などの生産設備や，熟練者の卓越した技能によって，高品質・高信頼性を確保してきた．

こうした背景には，品質などについて要求水準の高い消費者や産業部門のユーザーが存在すると同時に，高度な部品材料やモノづくり技術でこれに対応できる企業や幅広い業種の産業が，比較的狭い国土に高密度に集積していることがある．

これらの企業の切磋琢磨と，川上・川下企業の間の信頼関係に基づく共同開発などで，次つぎと新製品を生み出してきたのが，日本の強みである．今後，欧米諸国との国際競争やアジア諸国の追い上げのなかで，わが国のこうした強みを活かし，付加価値が高く成長性の高い企業や新産業が次々に生まれる環境を整備することが重要である[2]．

モノづくりといえば，ややもすれば生産工程に重点がおかれがちであるが，実際には開発，設計から生産，販売，サービスまで一貫した流れで実現され，その過程で多くの技術力が積み上げられて競争力のある製品となる．

図1は，自動車生産におけるモノづくりの過程を示したもので，製品企画，商品開発・設計，試作，実験，生産準備の商品開発軸と，受注，調達，販売・サービスと顧客につながる生産軸がある．

この一連の流れのなかで，図2に示す多くの技術力の積み上げによって競争力のあるモノづくりが可能となる．これらの技術力にそれぞれ磨きがかけられ，成熟度が高まっていくことで差別化された技術ができあがる．モノづくりを支える技術は，広範囲であり，そ

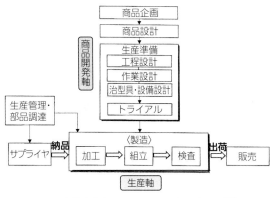

図1　自動車生産におけるモノづくり（マツダ）[3]

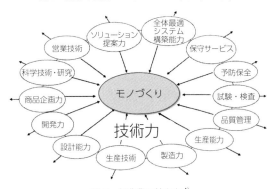

図2　製造業の技術力[4]

れを組織で支えて初めて，エンジニアリング・ブランドが完成することになる．

とりわけすぐた技術力を持つ技術陣と，高度な熟練技能や高度で知的な問題発見や変化への対応能力を持った技能集団が，図3に示すように高品質・高信頼性を達成するために互いに協力し，性能・品質・コストで競争力ある製品づくりを実現してきたのである．

高品質化を実現するために，図4に示した製品開発段階での高品質化，すなわち設計品質（後述 **6章4節**参照）の向上と，生産活動の段階での高品質化，す

なわち QC サークル活動を核としたボトムアップによる製造品質の向上に対する取組みがなされ，大きな成果をあげてきた．

このように日本のモノづくり企業の競争力の根底には，とりわけ生産現場の組織能力の強さ（現場力）として以下の6つの特性が有効に作用している[7]．すなわち，

① 国内・企業内にある産業・技術・技能の深い蓄積
② つくり手と使い手の一体化
③ 現場重視と現場の課題解決能力
④ 多能工の重視
⑤ チームワーク・組織の一体感・帰属意識の重視
⑥ よりよいモノをつくろうとする熱意

である．これらの強さが，日々の「改善」活動として現状の仕組みや現象を手掛かりに，少しずつ段階的に改善してきた結果である．

この改善のアプローチは日本独特で，日米の生産システム改善のアプローチの違いを，表1に示す．米国企業が考える改善といえば，小さな改善ではなく大きな改善，すなわち戦略的な飛躍，技術的なブレークスルー，システム改革などを指すことが多い．一方，日本型アプローチは現状システムの改善や育成には強さを発揮する一方，ブレークスルーや統合システムの構築には弱いという短所が指摘されているが，技術経営分野でいう摺り合わせ型（垂直統合型）の典型的な製

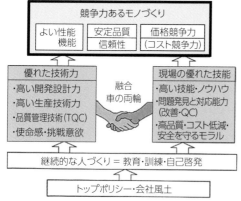

図3　競争力あるモノづくり（デンソー）[5]

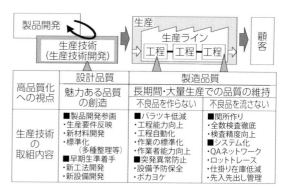

図4　高品質化への取組み（デンソー）[6]

表1　生産システム改善のアプローチ（日米比較）[7]

	日本	米国
特徴	・企業体質の強化，改善 ・Company-wide の改善 ・長期的，連続的改善活動 　（現存するシステムに対する試行錯誤，小さな改善の積み重ね） ・現場改善中心 ・実施者主体の改善	・問題解決の手法 ・個別計画，またはプロジェクトによる改善 ・短期的，断続的改善活動 　（新システム，新技術，改新期待） ・新しいテクノロジーとシステム改善中心 ・スタッフ，専門家，コンサルタント主体の改善
長所	・小規模投資，小さいリスク ・着実な改善効果 ・経験の蓄積・拡大 ・総力の結集 ・既存システムの改善，育成に強み	・ブレークスルー ・大きく，早い効果（もし成功すれば） ・才能ある人の能力発揮 ・特別な"根回し"なしに多様な人々に実施させることができる ・総合システムの開発に強み
短所	・ブレークスルーがむずかしい ・"根回し"，意識改革，意思の統一が必要 ・異質性への対処に弱い ・総合化システムの開発に弱い	・大規模，大きいリスク ・計画と実行とのギャップ ・必要以上の複雑なシステム構築 ・既存システム改善，育成に弱い

出所：中根甚一郎著『活き活き企業への挑戦』

品である工作機械では，それこそ積み上げの技術で成り立っており，必ずしも日本型アプローチ法がマイナスにはならない．むしろ上述の欠点をカバーして余りある[7]．

戦後の1960年代の高度成長期以降の30年間，日本の消費財産業は新しいアイデアや新しい生産方式を生み出し，低価格，高品質，高機能を実現して"Made in Japan"のブランドを築き上げた．

しかしながら30年に及ぶ時間の経過のなかで，製品の成長がピークを越え，製品機能も飽和状態に近づき，市場には商品があふれ，結果として先進国市場で価格破壊が起きた．そして飽和した先進国市場に代わって登場したのが，消費意欲旺盛な新興国市場で，消費者は機能・品質に大きな差がなければ，購入時には価格評価を先行させるようになってきた[8]．

その結果，製造企業は競争力の高いモノづくりを実現するために，こぞって海外の低価格部品を求め，また安い労務費を求めて海外各地に進出し，図5に示すように，現地生産・海外生産と軸足を海外に徐々に移し，モノづくり企業を取り巻く環境は大きく変化した．同時に海外生産拠点を運営していくうえで，進出国の法制・税制の問題や現地採用の従業員の人事管理，知的財産の流出問題など，新たなリスク課題にも対処する必要が生じている．

市場のボーダレス化，経済のグローバル化，情報通信の高度化で代表されるビジネス環境が大きく変化するなかで，経営者はマクロ環境であるグローバル市場の動きや，日本経済の行方などを敏感に読取り，経営戦略として社内環境の改善につねに取り組みつつ，マーケティング情報としての市場環境の分析に注力する必要に迫られている（図6）．

一連の生産プロセスのなかで，どのようにして利益を生むのが効率的か．図7は，投入されたキャッシュ（金額）が材料や人材，設備となり，それらを使って付加価値が製造されてスペックとなり，そしてそれが販売されて顧客に購入され，最終的に売上となりキャッシュとして戻ってくるという，一連のサイクル

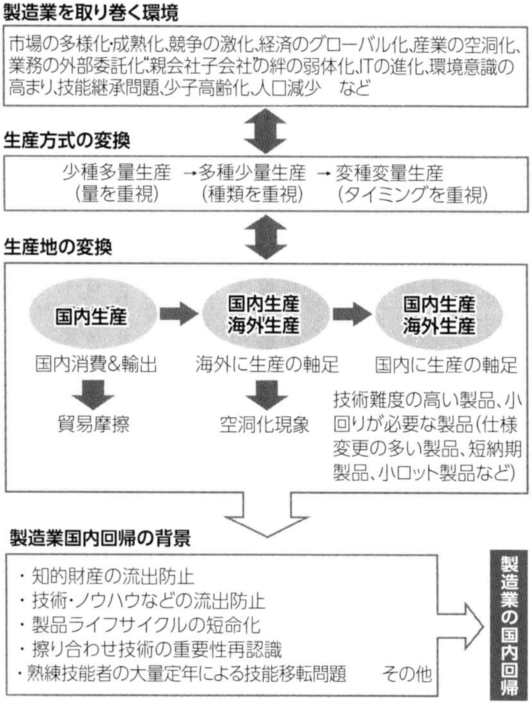

図5 製造業を取り巻く環境の変化

出所：野口吉昭編「営業戦略の立て方・活かし方」
図6 環境分析の要素

を示している．投入したキャッシュよりも回収されたキャッシュの方が大きければ，利益が出たことになる．

日本の製造業が，市場変化に迅速に対応し，最適な部材調達と生産管理を行なった結果，在庫管理などが徹底され効率的な生産が行なわれているため，製造・組立が最も利益率が高くなっていると考えられる．この状況下で生産を海外にシフトすることになれば，海外進出によって最も利益率の高い製造・組立の収益機会が失われることになる．それ故に，製造・組立の海外移転，さらには合弁企業による海外生産については，収益構造の正確な把握と分析，そして慎重な経営判断が必要となる．

さらには進出先の国情，政治状況，企業風土，国民性などがリスク要因として顕在化し，企業経営上のトラブルが発生している例が散見される．これには，その国の政治・経済状況もさることながら，それぞれの国民の思考パターンの違い（表2）が企業に対する認識の違いを生み，その結果，トラブルになるケースも多いのが現実である．

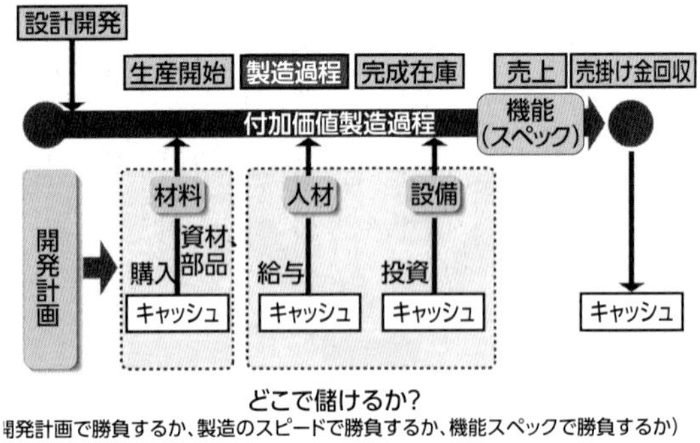

2. 製造業の競争力の源泉[1)]

製造業の競争力は「製品力」「生産力」「販売力」の三つの要素から成り立っており，生産システムの良否はその「生産力」の競争力を決定的に左右するといわれ，戦後一貫して，品質管理に取組みモノづくり力を強化し，品質の向上に邁進してきた．

現在では製造業を取り巻く環境は大きく変化し，「製品の変化」と「生産構造の変化」に対応した新しいモノづくりシステムが求められている．

製造業企業の国際競争力は，図8に示すように，大きく分けて「生産の競争力」と「新製品開発の競争力」の二つの要素で構成されている．生産の競争力は，コスト削減や品質管理などを指す．一方，新製品開発の競争力は，市場の変化に対応してすぐれた財・サービスを継続してつくり出していく能力のことをいう．

一般に，グローバルな競争が激化すると，所得水準の高い先進国の製造業が生き残るためには，「生産の競争力」だけではなく，「新製品開発の競争力」の重要性が高くなる．大量生産による効率化で収益を上げることがむずかしくなり，多品種少量生産や製品ライフサイクルの短縮化に対応した製品開発力（プロダクト・イノベーションの力）で収益を上げることが求められるからである[7)]．

しかしながら，経営環境は絶えず変化しており，モノづくり企業はグローバルな経営環境の変化を先取りして，手早く対応することが求められている．ときには収益性の向上のために新しいビジネスモデルを模索し，競争力を維持するためには状況

図7　設計・開発・製造プロセスとキャッシュの関係

出所：山田太郎「日本製造業の次世代戦略」

表2　思考パターンの3類型[9)]

	日本型	英米型 （アングロサクソン）	韓国型
①企業は誰のもの	従業員	株主	経営者＝所有者
②経営の目標	雇用維持 長期的利益	株主の利益 短期的利益	所有者の利益 短期的利益
③企業と従業員の関係	長期雇用 共同体的関係 （戦後家族共同体の崩壊） 参加型 同一企業内で昇進	時間と賃金の取引 契約関係 レイオフ	制度的には長期雇用 時間と賃金の交換（別に堅固な家族共同体がある） 実際には転職率が高い 企業間移動による昇進
④意思決定の方法	稟議，上下双方	トップダウン	トップダウン，下からは無い
⑤情報・意思の伝達	職務ライン 権限の委譲あり 責任の範囲があいまい	職務ライン（文書） 権限の委譲あり	血統 権限の範囲が不明確

に応じた経営改革が必要となる.

図9はモノづくり企業の経営改革の枠組みの例を示したもので,大きく次の3つの領域から形成されている.

① モノづくり戦略力(戦略構想競争力)
・「モノづくりビジョン力」:モノづくりによる価値創造のあり方
・「事業戦略策定力」:市場・顧客/商品・サービス戦略,事業モデル構想など

② モノづくり実現力(事業システム競争力)
・3つの「モノづくり実現力」:「商品開発力」×「市場開発力」×「商品供給力」

・3つの「価値創造」:「価値開発」×「価値づくり」×「価値提供」

③ モノづくり資源力(組織能力の競争力)
・組織と人材のマネジメント,経営管理システム力
・人材,資金,ブランド,ノウハウ,ITなどの経営資源力

このように企業の競争力を強化し,維持していくためには,それなりの経営資源が必要となる.すなわちヒト(人的資源),モノ(機械設備や原材料などの物的資源),カネ(資金的資源),情報(情報的資源),さらには企業文化(文化的資源)であり,情報には顧客データベース,企業の信用度,ブランド力,特許などが含まれる.

「企業力は総合力」である.企業にとって重要な経営資源は何か,企業の保有する経営資源をいかに有機的に統合できるか,そして競争優位を持続的に確保する要因は何か.これらの課題は,経営資源をコーディネートする能力,いわゆる組織能力を問われていることになり,まさに経営品質[10]の問題といえる.

希少な経営資源こそがライバル企業に対する競争優位の源泉となるのであって,企業は変化を認識し,内部の資源ベースを再構築していくことで競争優位性を持続する必要がある.そのためには,競争相手に対する模倣障壁を高めなければならない.

希少で,かつ模倣が困難な(模倣コストが高い)資源を保有していれば,持続的な競争優位が得られる.とくに競争優位の源泉となる経営資源が,組織内の人間関係や組織文化に支えられている場合,模倣は容易ではない.

競争優位性を持続的に確保している企業の代表例として,グローバル・トップシェア製造企業について調査した結果[11]がある.それによると,長期間にわたってトッ

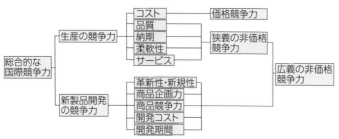

出所:原陽一郎「国際競争と高度化のイノベーション」長岡短期大学研究紀要
図8 企業の競争力の構成要素

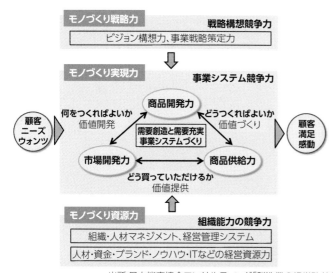

出所:日本能率協会コンサルティング「製造業の経営改革」
図9 モノづくり企業の経営改革の枠組み

プシェアを維持し続けるうえで最も大きな格差要因は，次の3つである．

① 長期にわたり蓄積された各種設計資産，製造技術等の知的財産やノウハウなど，他社よりもすぐれたリソースを蓄積していることで，より高品質な製品を，より低コストで生産することができる．

② 顧客との接点で機能する差別化要因として，販売体制・メインテナンス体制などのネットワークと製品の品揃えが挙げられる．これらにより，顧客に対してタイムリーに，多くの選択肢を提供できる．これらがすぐには真似できない理由は，販売体制やメインテナンス体制を物理的に構築するには時間がかかるし，それに見合った売上規模が必要となるためである．

③ ユーザー側で同じメーカーの製品を継続して使用するケースが多い．別のメーカーの製品に乗り換えるには新しい操作方法を習得する必要があり，蓄積したデータの互換性が必ずしも確保されているとは限らない．メインテナンス方法も当然異なり，新たな保守部品が必要となる．いずれにせよ，メーカーを乗り換える費用，すなわちスイッチングコストがかかるため，ユーザーは継続して同一メーカーの製品を使用し続けようとする動機が強くなるのは当然である．そしてこの要因があることから，先行して市場を開拓し，多数のユーザーを獲得した先発メーカーが，安定的に高いシェアを維持することになる．

これまでの企業戦略が企業の外的側面を重視してきたのに対して，企業風土や人材，あるいはそれを支える情報システムや組織体制など，いわゆる「見えざる資源」，企業の内的側面を重視する戦略が重要となる．こうした「見えざる資源」は企業における競争力の源泉であり，ケイパビリティ（capability, 内部能力）と呼ばれている[12]．

長期にわたり成功している優良企業は，多様なケイパビリティを持っている．ケイパビリティは**図10**に示す3層構造となっている．改善提案力，品質管理力，コスト削減力，リードタイム短縮力など，顧客満足度の向上に必要な改善型ケイパビリティと，想像力，企画立案力，顧客ニーズ対応力，フレキシブルな対応力など，内部能力の向上に必要不可欠な創造型ケイパビリティがある．

これらのケイパビリティが構築され効果的に発揮するためには，企業内にそれらに対応したプロセス構築が必要となる．このプロセス構築のためのケイパビリティは，たとえば情報システム，コミュニケーションシステム，業務フロー，ノウハウなどの構築が相当する．

そして以上のケイパビリティを有効に機能させるためのプラットフォームになるのが，組織風土，企業文化，躾，情報化能力，社員のやる気などで，上述のケイパビリティの実現を，間接的に支える重要な要素となる．

このように，「見えざる資源」には，プラットフォーム構築，プロセス構築とその上位である改善型と創造型のケイパビリティが存在し，下位になるほど企業固有の過去の遺産に大きく依存している．そして図の下層ほど，蓄積するのに膨大な時間と手間がかかることになる．

経営者としては，企業の歴史のなかで積み上げてきた遺産（負の遺産を含む）を引き継ぎ，経営環境の影

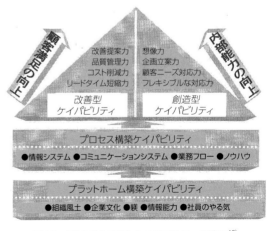

図10 「見えざる資源」ケイパビリティの構築[12]

響を受けにくい盤石の経営基盤を築きたいと考えるのは，経営者共通の願いである．そのためには，ヒト（人的資源），モノ（機械設備や原材料などの物的資源），カネ（資金的資源）といった「見える資源」のほかに，企業の「見えざる資源」，すなわち情報システム，企業イメージ，社員のやる気，顧客・取引先との信頼関係，ブランドイメージ，組織風土，企業文化など，自社に適合したケイパビリティを構築，レベルアップしていくことが不可欠である．

とくに持続的な企業の競争優位を維持するためには「環境変化へのフレキシブルな対応力」が必須で，プロセス構築・プラットフォーム構築に注力することが必要となる[12]．

技術を経営資源として明確に位置づけ，技術の成果を企業の成長や収益力に結びつけるために，独自資源を取り巻く人材・資金・知識・情報などを最適に組合わせる必要がある．組織として自社の戦略を高いレベルで遂行する業務プロセスや人事体制，企業風土を構築することができれば，大きな優位性の源泉となる．

そのためにも，長期的視野にたったブレない経営の実践と，ケイパビリティの向上を目指すことが必須である．シェアトップ企業においては，同業他社では模倣が困難な数多くのケイパビリティを構築しており，それらが持続的優位性を築きあげる戦略となっている．まさに総合力の成果といえ，開発設計力，製造力，営業力，間接部門力の総和として，次式で表わされる．

<u>企業力＝（開発設計力＋製造力＋営業力</u>
<u>　　　　＋間接部門力）×ケイパビリティ×経営力</u>

実際には各項に重み係数がかかり，その比重は企業によって異なる．これらの総和に対して「見えざる資源」であるケイパビリティ，さらには経営戦略・技術戦略をベースとした経営力が，乗算係数として効いてくる[1]．

3. 生産財としての工作機械[1]

我々に身近な消費財としては，食品や衣服などの一般消費財と住宅や自動車などの耐久消費財がある．これらの消費財の商品特性（販売訴求点）としては，
①商品を使用するときの効果要素である機能特性，
②使用時の実利的利益，満足を充足する要素である経済的特性，そして
③人によって異なるが，嗜好を充足させる効果要素である嗜好充足特性がある．なかでも商品の性格としては，消費者の嗜好が大きなウェイトを占めている．

今日のようにモノが溢れていて，多様化の時代はなおさらフィーリングとか，個人の好みが重要視されることになる．そのため消費財の販売では，不特定多数の多様なニーズを持ち，進化していく消費者にどのように対応していくかがポイントとなる．

これに対し，生産者が製品やサービスを生産するために購入・使用する原料や部品，設備などを生産財と呼び，プラントや航空機などの大きなものから，機械設備や器具，計測器や部品，機能材料など色々なものがある．

図11は，生産財・消費財の供給とそれらの流れを図示したもので，生産財は企業や官公庁で使用されるもので，大型のプラント設備や産業機械，工作機械といった資本財から部品，中間材料，材料，消耗品など，業務用として用いられる一切の財のことを生産財と呼んでおり，需要家の側からみた経済性の効果が重要視される．

消費財の顧客が個人であるのに対し，生産財の顧客は企業であり，しかも数多くの専門家（工作機械であれば経営者，生産技術者，製造現場管理者，保全管理者など）が購買に関与し，彼らに対し合理的・経済的な購買動機を与える必要がある．しかも消費財と異なり，顧客はある程度特定化されており，景気動向により需給が周期的に変動することになる．

このような顧客と需要の特性から，生産財特有の販売の基本がある．すなわち販売担当者は，かなり高度

な技術を身につけて顧客への説明を行ない，ときにはコンサルタントとして客先へノウハウを提供する必要があり，このことも消費財とは大きく違っている．生産財の商品特性として，技術面が経済性の裏付けとして重要視されているため，製品開発についても，先端技術にみられるような技術革新の導入および開発，製品化への関係も消費財の比ではない．

表3は，生産財を原材料に近い川上から最終顧客に近い川下までに，レベル分けしたものである．生産財の特徴として，機械設備に用いられる機能単一製品（たとえばモータ，ポンプ）は，上位レベルにある設備機械の要求仕様を満たす必要があるのと同時に，その設備機械の需要変動の影響を受けることになる．

設備機械の特徴として，顧客が個別化・特定化されている場合が多く，そのため受注の繰返し性が高い反面，どれだけ幅広い分野の顧客に受け入れられるかの目安となる市場の横断性が低いため，川下になるほど景気の変動を受けやすくなる．

景気低迷により設備過剰の状態になれば遊休状態の設備も発生し，当然のことながら新規設備発注はなく，設備機械業界の受注が大幅に減少することになる．一方，より川上に近い工具などの消耗品では，景気低迷下でも生産が継続されるわけで，消費量は減っても最低限の受注は確保されることになる．

生産財の代表格が工作機械であり，市場規模は約1兆円で平均単価は約1500万円程度である．工作機械の特徴は単価が高く，購買頻度が低い．しかも法定耐用年数が10年と長く，商品としてはきわめて売りにくい．そのため工作機械の販売，流通には商社の役割が重要となってくる．日本の商社は大半が併売代理店であり，日本独特の商慣習があり，外資系生産財企業にとっては参入障壁が高いことが指摘されている．

4. 工作機械産業と国際競争力[1)]

世界最強のモノづくり大国である日本には，高精度で高品位な機械加工部品で組立てられた工業製品が溢れている．これらの製品は高度に自動化された工作機械などの生産設備や，熟練者の卓越した技能によって一品一品の部品が精密かつ高品位に仕上げられ，"Made in Japan"の高品質，高信頼性の製品として世界中から絶大な評価を得ている．

身の回りの数多くの日用品や工業製品は，多種多様な工作機械により生産，販売されている．農業機械や土木建設機械は日常的に見られ，比較的身近に感じる機械であり，たとえば食品加工機械は食品を加工し包装する機械，印刷機械は新聞，雑誌，食品パッケージや包装紙などを印刷する機械で，直接目に触れる機会は少ないが何をする機械であるかは想像がつく．

一方，工作機械はといえば，工作——機械や道具などをつくること——をする

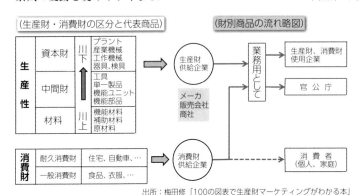

図11　生産財・消費財の供給と使用先

表3　生産財の受注の繰返し性，市場の横断性

システムレベル	商品例	受注の繰返し性	市場の横断性
レベル1（川下）	プラント、船舶、航空機、通信システムなど	多い	低い
レベル2	設備機械………工作機械、産業機械、通信機など	↑	↑
レベル3	器具、工具、検査具…グラインダ、締付具、カッタなど		
レベル4	機能単一製品………モータ、ポンプ、弁など		
レベル5	機能部品………軸受、パッキン、電気部品など	↓	↓
レベル6	原材料、機能材料……鋳物、鋼材、樹脂類など	少ない	高い
レベル7（川上）	補助材料、消耗品…各種潤滑油、洗油、ウェスなど		

出所：梅田修「100の図表で生産財マーケティングがわかる本」

機械であって，直感的に何をする機械かは理解しにくいが，工作機械によって生み出される部品なり製品をみれば，意外と身近な機械であることが理解される．

このように工作機械は，あらゆる部品を所要の形状・精度に効率よく加工することが求められており，産業の広い分野で貢献しているのが理解されよう．また工作機械自身の部品をも製作するのが工作機械であり，工作機械の性能の優劣が，生み出される製品の競争力を大きく左右し，その国の工業力全体にも大きく影響を及ぼす．このため工作機械産業は基幹産業であり，**マザーマシン**（mother machine），すなわち「機械をつくる機械」である工作機械は，一国の工業水準を計るバロメータであると各国で認識されている．

このようにマザーマシンである工作機械の技術レベルは，一国の工業水準のバロメータになるといわれており，工作機械産業は日本が誇る代表的な産業の一つであるが，日本国内あるいは世界的な位置づけがどうか，統計数字でみてみよう．

図12は，日本の機械工業の生産額を示したもので，工作機械は分類上，ボイラ，原動機，土木建設機械，事務用機械，冷凍機，半導体製造装置とともに「一般機械」に属している．2011年度の生産額で比較すると，工作機械は1兆1729億円で「一般機械」の13兆1469億円に占める比重は約9％，機械工業全体（59兆6460億円）に占める比重はわずか2％にすぎない．

しかしながら，工作機械産業は一国の製造業のインフラストラクチャの心臓部であり，その規模が比較的小さいことから受ける印象よりもはるかに重要な産業である．機械工業の各種機械を製造するには，すぐれた工作機械が不可欠であり，工作機械の加工速度が遅く，高精度を保証できなかったり，故障が頻発するようでは一国の産業経済全体の競争力が影響を受けることになる．それだけに最新工作機械の新規設備導入が全産業の競争力強化に不可欠であり，国内景気動向の先行指標にもなっている．

では，世界的にみた日本の工作機械産業のポジションはというと，1982年に米国を抜き生産額で世界一となって以来，図13に示すように27年間，世界一の座を確保してきた．2008年秋のリーマン・ショックの影響で世界一の座を中国に明け渡し，世界第2位になっているが，その中身を比べてみれば技術的に世界トップを走っていることに間違いはない．

なお，日本の工作機械の輸出額は2011年で8552億円と生産額の73％（輸出比率）を占めており，国際競争力の強い業種であることがわかる．

かつて，米国は工作機械産業分野においても世界のリーダであった．1960年代には世界の工作機械生産額の25％以上を米国が占めており，工作機械技術においても最先端を走っていたが，1970年代に民生品分野向けのNC工作機械の普及で日本に後れをとり，

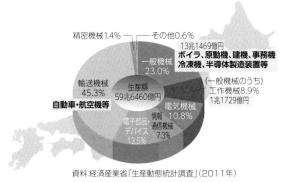

図12　機械工業の業種別構成　（日本工作機械工業会）

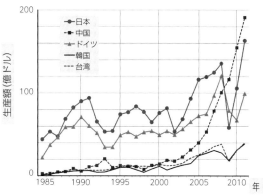

図13　主要国の工作機械生産額　（日本工作機械工業会）

1986年には10%以下に縮小し，代わって輸入工作機械のシェアが50%近くにまで増加し，現在ではすっかり競争力を失っている．

しかしながら，図14に示すように宇宙・航空機分野では依然として高い技術力と競争力を持っている．従来から日本の機械産業で国際競争力のある業種として自動車，家電・空調，電子・光学機器，半導体・液晶製造装置，事務機械そして工作機械などがあげられてきた．

表4はリーマン・ショック前の2006，2007年の機械産業全体について，経営段階で国際競争力の強い業種を国際競争力指数に基づいて地域群で比較したものである．

ここで，国際競争力指数＝（売上高営業利益率）×（世界売上高シェア）で，売上高営業利益率はその時点でのその製品の競争力の強さを表し，世界売上高シェアは強い競争力によって世界市場を拡大した結果を示している．この結果，国際競争力の強い業種として日本では事務機械，工作機械，自動車と自動車部品がランクされている．

パソコンや携帯電話などのIT関連産業は部品の仕様が規格化・標準化・統一化されているため，標準的な汎用部品の組合わせによる組合わせ型（水平統合型）生産システムが強みを発揮することになり，この分野ではアジア（韓国，台湾，中国）の新興企業が企業力を高めており，日本企業が劣勢にたたされているのは周知の通りである．

これに対し，自動車や工作機械の業種は，擦り合わせ型（垂直統合型）生産システムの代表例で，各社独自の専用部品を使用し，それに企業独自の技術と機能・ノウハウを組み入れ競合他社との差別化を進めているため，企業の技術力によって競争力を高めることができ，日本企業の最も得意とする分野である．

＜参考文献＞
1) 幸田盛堂：精密工学基礎講座「工作機械 機能と基本構造」，精密工学会（2013），p.75
   http://www.jspe.or.jp/publication/basic_course/
2) 星野昌志：我が国産業機械分野の発展に向けて，精密工学会誌，73巻1号（2007），p.7
3) 龍田康登：自動車生産のデジタルエンジニアリング，精密工学会誌，72巻2号（2006），p.180
4) 小平和一朗：エンジニアリング・ブランドの概念，開発工学，28巻（2008），p.3
5) 生駒昇：モノづくりを支える技能集団，デンソーテクニカルレビュー，6巻2号（2001），p.120
6) 小島史夫：デンソーにおける生産システム技術の現状と展望，デンソーテクニカルレビュー，9巻1号（2004），p.8
7) 増田貴司：日本のものづくり競争力の源泉を考える，経営センサー（2007.5），東レ経営研究所
8) 町田尚：いま求められる技術経営，精密工学会誌，79巻1号（2013），p.35
9) 水野順子：東アジアの生産文化論，工業教育，50巻4号（2002），p.143
10) 寺本義也：トップ・マネジメントのための経営品質講座，生産性出版（2006）
11) 村山誠，長田洋：トップシェア製造業の高収益戦略，研究・技術計画学会第21回年次学術大会講演要旨集（2006），p.880
12) 山崎康夫：企業における「見えざる資源」の活用，日本経営診断学会論集，3巻（2003），p.193

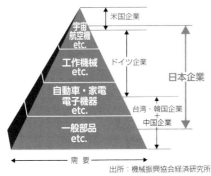

図14 工作機械生産国の国際的位置づけ

表4 日米欧アジアの競争力

地域群	2006年度	2007年度
日本	事務機械，工作機械，自動車，自動車部品（4業種）	事務機械，工作機械，自動車（3業種）
北米	家電，情報・通信機器※，コンピュータ，半導体製造装置，重電・産業機械，建設・農業機械，航空・宇宙，サービス・ソフト（8業種）	家電，コンピュータ，半導体製造装置，重電・産業機械※，建設・農業機械，航空・宇宙，サービス・ソフト（7業種）
欧州	情報・通信機器※，プラント・エンジ（2業種）	情報・通信機器※，家電・産業機械，自動車部品，プラント・エンジ（4業種）
アジア	半導体・液晶，造船（2業種）	半導体・液晶，造船（2業種）

※同ポイント1位　　出所：日本機械輸出組合機械産業国際競争力委員会

2 工作機械に必要な剛性と加工性能

1. 生産プロセスにおける工作機械の役割

　生産（production）とは，「生産要素（投入物）を有形・無形の経済財（産出物）に変換し，これによって価値を増殖し，効用を生成する機能である」と定義されている．

　そして製品の価値はQCD，すなわち①機能・品質（Q:Quality），②価格・原価（C:Cost），③量・納期（D:Delivery）の3つの要件によってとらえられ，製品としての機能を果たすよいものを多く，迅速に，かつ安価につくることが，生産目的の遂行であり生産条件となる[1]．

　すなわち図1に示すように，生産の目的は与えられた制約条件（生産設備や要員などの資源）の下で，所定の寸法・形状と表面性状を持つ部品あるいは製品を，できるだけ効率的・経済的に生産することである．生産によって素材に価値が付加され，顧客はその価値に対して対価を支払うことになる．

　生産現場で生産される部品や製品は，企画部門や営業部門，開発・設計部門などをはじめとしたモノづくりの上流部門によって計画され，生産現場は生産そのものをスムーズにつなげるとともに，製造原価を低減させ，顧客を満足させるとともに企業利益の創出に貢献することが生産の役割である．

　すなわち，原材料などの低い価値の経済財から，より高い価値の部品や製品に変換する生産プロセスはきわめて重要な要素で，その中核設備となる工作機械と生産技術レベルがその製品の競争力を左右することになる．

　企業間競争がグローバル化して激しさの度合いが増している現在，製造業がこれからも勝ち残っていくためには，スリムで強い生産体質を構築して競合他社よりも効率的，経済的なモノづくりを推進し，製品競争力を高めていくことが不可欠となっている．

　「よいモノを，より安く，ベストなタイミングで」供給する．すなわち，顧客の望む製品のQCD：Q（Quality：品質），C（Cost：原価），D（Delivery：納期）を達成するためには，生産の4M，すなわちヒト（Man），モノ（Material），設備（Machine）そして方法（Method）を駆使して，求められる品質の製品を，必要とするときに必要な量だけ生産計画にそって効率的に生産し，顧客を含めた後工程にきちんと供給すること，つまり4MとQCDとの適正バランスを考慮して生産計画を達成することになる（図2）．

　このため，生産現場での生産技術力と管理力の差が勝負どころとなってくる．つまり，生産現場にはきちんとした現場管理を実践し，顧客が製品を買うかどうかを決定する要因となる自社製品のQCD，いわゆる製品競争力を強化することが求められている．

　生産現場には，その企業のモノづくりにおける上流部門の仕事の結果が集約されており，その企業の生産状況，QCDや工作機械など設備類をはじめとした

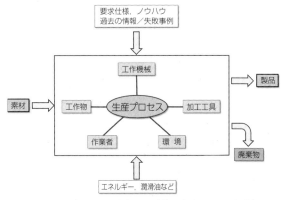

図1　生産プロセスの構成要素（参考文献2の図に加筆）

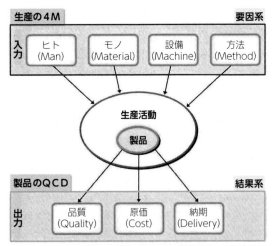

図2　生産の4Mと製品のQCD

表1　工作機械に要求される機能・性能[4]

達成能力	┌ 高精度化…寸法精度, 形状精度, 表面特性 ├ 高能率化…サイクルタイム └ 省力化, 無人化
機械仕様	運転条件, 運動範囲, 対象工作物の範囲
機械力学的特性	動剛性, 速度特性, 加速度特性
材料力学的特性	静剛性(応力, ひずみ), 熱剛性, 寿命
使用時の特性	┌ 信頼性…故障の起こりにくさ ├ 操作性…使いやすさ ├ 保守性…修理しやすさ, 予防保全のしやすさ ├ セットアップ性…調整のしやすさ, 対象工作物 │　　　　　　の変更のしやすさ └ フレキシビリティ

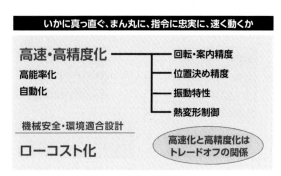

図3　工作機械の開発動向

各種管理の状況と管理レベル，作業者のモラルやQCサークルの活動状況など，企業全体の仕事の結果を映す鏡となっており，生産現場をみればその企業の総合力がわかるといわれている．

2. 工作機械に要求される機能とその価値

　企業が工作機械を購入する動機は，工作機械を使って自社の製品をつくり，生産した製品を販売して利益を上げることである．そのためマザーマシンである工作機械への基本的な要求事項として，第一に取得価格（イニシャル・コスト）が安く，財務的な負担が軽いこと，第二に生産性が高く，設備機械としてすぐれていること，第三に省力効果があり，労務費の削減に役立つこと，第四に故障が少なく，修理費がかさまないことが要求される[3]．

　これらの顧客満足をかなえるためには，加工内容によって優先度や要求の度合いに程度の差はあるが，表1に示す機能や性能が工作機械に要求されることになる．

　このような顧客要求に対応するため，工作機械メーカーにおいては従来から図3に示すように高速化・高精度化・高能率化・自動化を大目標に継続的に開発・改良を行なってきた．その過程で，地球環境にやさしい工作機械が切望され，また労働安全衛生の観点からの配慮を含め，環境適合設計・機械安全設計を考慮してきた．さらにグローバル競争下での新興国の低価格戦略機の追い上げもあり，ローコスト化が競争優位の大きな課題として取り組んできた．

　ひとくちに高速，高精度化といわれるが，高速化と高精度化，それにローコスト化はそれぞれトレードオフの関係にあり，そのため顧客の要求仕様に合わせてどこかで妥協する必要がある．『設計は妥協の産物』といわれる所以で，どこで妥協するかによって工作機械としての仕様と性能が決まることになる．当然のことながら，剛性の高いことが前提条件となる．

　このように工作機械に対する要求事項は，その時代の社会的背景や技術的レベルによって変化し，顧客満足度も時代背景を反映することになる．そこで改めて

顧客が要求する工作機械の機能・性能について考えてみよう．

工作機械は対象工作物を加工し，その結果によって初めてその働きが評価される．そしてその働き，すなわち機能・性能とは「要求された，あるいは決めておいた結果を実現できる能力」と，いいかえることができる．

具体的には，まず要求加工精度を実現できる能力を持ち，加工時間が短く，故障が少なく，機械寿命が長く，メインテナンスが容易で保守費用も安く，そのうえ操作性がよく，加工対象に対する柔軟性に富み，しかも価格（イニシャル・コスト）はどこよりも安い，このような理想的な工作機械の実現は困難である．

営業担当者が「どこ（競合メーカー）よりも仕様（各軸の移動量）が大きく高精度で，価格はどこよりも安く，安ければ安いほどよい」というのと同じである．

このような理想的な工作機械はあり得ないし，またこれに近づけるには莫大な費用を必要とする．限られた費用でこのように極めて高い機能・性能を持ち得るとしたら，その機械の価値は高いということになる．すなわち

$$\text{工作機械の価値} = \frac{\text{機能・性能}}{\text{価格}}$$

ということになる[4]．しかも分子の機能・性能には数多くの項目があり，多次元で一律に評価することは現実には困難である．また，分母の価格についても，イニシャル・コストだけでなく，ライフサイクルを考慮して長期にわたる耐用年数期間における稼働費用，保守費用，修理費用，スペアパーツ費用，故障によるダウンタイムの損失費用，それに廃棄費用などを含めてトータルの費用として考えるべきものである．

工作機械に要求される性能は，基本的に高精度，高能率であることであり，これらは工作機械にとって永遠のテーマといわれている．そして，FA，CIMなどの新しい概念の導入により生産システムが高度化し，その中核として活躍する工作機械には，より高度なシステム化，無人化機能が要求されている．

これら性能を決定づける基本的な因子をまとめると図4のようになる．上記の要求性能を実現するためには，これら因子を最適な状態にする必要があり，このために多くの研究・開発がなされてきた．

3. 工作機械の特質と基本特性

生産プロセスにおいて重要な役割を担う工作機械の特質（特異性）として，一般の産業機械と異なり，つぎの①～④の特徴がある．

①機械をつくる母なる機械としての**マザーマシン**（Mother Machine）
②その国の工業水準のバロメータ
③**母性原則**（転写原理，Copying Principle）
④**剛性設計**（変位基準の設計）

世の中のあらゆる機械製品や産業機械は数多くの機械部品で構成され，これらを高精度に効率よく製作するのが工作機械であり，そのうえ工作機械の構成部品をも製作するため，すべての機械の原点という意味で**マザーマシン**と呼ばれている．しかも工作機械は一国の産業を支えている重要な機械であり，工作機械の技術レベルの高さは，その国の工業水準のバロメータになると認識されている．

工作機械に第一に要求される機能は，高い加工精度の再現性である．工作機械の機能は，工作物に所要の形状と寸法および表面粗さに代表される表面性状を付与する形状創成にある．この形状創成の機能は，工具と工作物との相対運動を工作物に転写する転写原理に基づいている．ただし，工具と工作物との相対運動精度がどれだけ正確に工作物形状に転写されるかは，工作機械の運動精度だけでなく工具の性能や切削機構にも影響されることになる．

このため，工作機械のテーブル案内精度や主軸回転精度が工作物に忠実に転写されるように，構造本体は各種主要運動要素を確実に保持する剛性設計がなされており，運動精度の基準として工作機械の母性原理を実現する上で，重要な役割を果たしている．

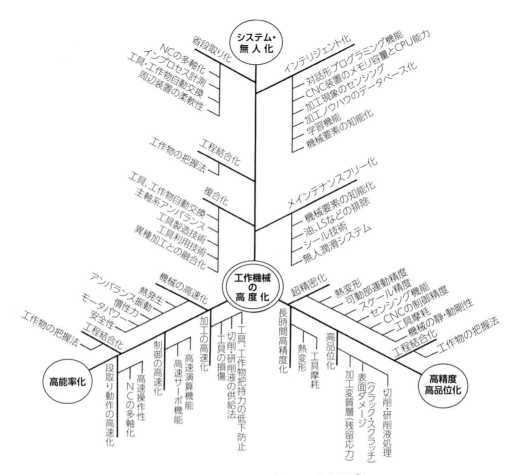

図4 工作機械に要求される性能とその決定因子[6]

したがって，基本的には，加工精度はそれを生み出す工作機械の運動精度を超えることができない．つまり**母性原理**とは加工精度の限界を決定する原理であり，これを支える基本となるのが剛性設計である．

一般の産業機械や橋梁，建築物は，ある許容応力以下になるように安全率を考慮した，いわゆる**応力基準の設計**がなされる．さらに航空機においては「軽く，しなやかに」をモットーに有限寿命設計がベースとなっている．

これらに対し，工作機械の構造設計においては，**剛性設計（変位基準の設計）**が基本となっている．これは母性原則を確保するためには，剛性の高いことが前提条件となるためである．

たとえ無負荷時の静的精度が確保されていたとしても，切りくず生成に伴う切削抵抗による反力を受けて工作機械各部に静的と動的変形・変位を生じると，結果的に工作機械の運動誤差が発生し，加工誤差となって工作物の精度が劣化することになる．たとえば加工負荷が10Nとすると形状精度$0.1\mu m$に対して，工具と工作物間の総合剛性は少なくとも$100N/\mu m$以上が必要で，加工系の剛性不足が精度限界を決める要因となる．

工作機械本体は基本的には，主要構造要素とそれらを結合する結合・案内機構，そして主要運動要素を駆動する駆動機構の3つの基本要素からなり，工作機械の全体構造としての剛性は，構成要素および結合部の特性，荷重の伝達経路とその分布状態によって決定される．

　典型的な例として，**写真5**に示す横中ぐり盤の基本構造の模式図を**図6**に示す．

　図6において，「力の流れ」は工作機械に作用する切削抵抗（外的荷重）の構造内における伝達の状態を示すもので，工作機械構造に外的な荷重が作用したときに，それを支える構成要素群の幾何学的関係が明らかとなる[6]．

　すなわち，対象とする構造体の力の流れを想定することにより，工作機械・工具・工作物系に作用する力と剛性配分が明確になり，加工精度と誤差要因の関係を明らかにすることが可能となる．このように，工具-工作物間の相対運動の精度は，
(1) 軸受や案内面などのデータムを基準として，工具や工作物の直線あるいは回転の運動を創成する運動機構の運動精度
(2) 工具と工作物の相対位置を制御する位置決め駆動機構の位置決め精度
(3) ベッドやコラムなどの構造体をはじめとする工作機械要素の寸法変化を含む弾性および熱変形による変位誤差

などによって決まることになる[7]．

　最終的に，加工精度には非常に多くの誤差要因があり，また多くの原因が複雑に関連し合って影響を与えている（**図7**）．このため，工作機械に要求される基本3特性として，①静変形特性（静剛性），②動的変形特性（動剛性），③熱変形特性（熱剛性）に配慮した設計が必要となる．工作機械の主要構造要素においては，とくに力や熱に対する変形のしにくさを表す剛性値（静剛性，動剛性，熱剛性）が大きいことが要求される．

　次章以降において，静剛性と動剛性および熱剛性に

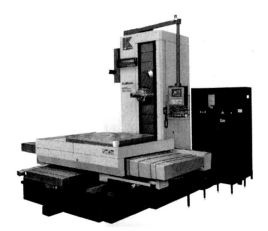

写真5　横中ぐり盤の外観（倉敷機械）

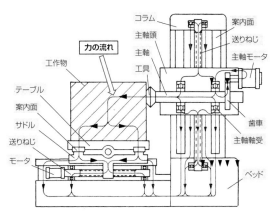

図6　横中ぐり盤における力の流れ[5]

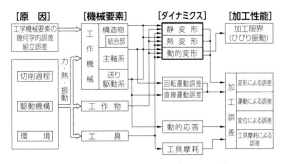

図7　加工精度と加工限界の支配的要因[8]

ついて詳述する．

＜参考文献＞
1）人見勝人：生産システム工学，共立出版（1975），p.1
2）森脇俊道，永井千秋：社会人が学ぶ生産プロセス技術，神戸市産業振興財団（2009），p.10
3）一寸木俊昭：工作機械業界，教育社（1978），p.78
4）守友貞雄：工作機械の設計品質と製造品質，精密機械，44巻10号（1978），p.1200
5）F.Koenigsberger & J.Tlusty（塩崎進，中野嘉邦訳）：工作機械の力学，養賢堂（1972），p.8
6）日本工作機械工業会編：工作機械の設計学（基礎編），日本工作機械工業会（1998），p.26
7）金井彰：工作機械の超精密化と高剛性化の同時達成技術，精密工学会誌，61巻12号（1995），p.1671
8）伊東誼，森脇俊道：工作機械工学，コロナ社（1989），p.164

③ 静剛性

1. 工作機械に作用する力と静剛性

　工作機械には，切削負荷による反力のほか，ベッドやコラム，主軸頭など構造物の自重，さらには工作物や取付具・治具などの自重が静的力として作用する．また，これら構成要素の移動に伴う重心の移動や加速度が工作機械各部の変形を生じさせることになる．

　前に説明したように，工作機械は母性原則を確保するために剛性設計が基本になっており，これらの影響による変形を極力小さくして加工精度を確保するためには，工作機械各部の変位が許容値内に収まるように，工作機械の剛性を大きくすることが必須となる．工作機械設計において「はじめに剛性ありき」といわれる所以である．

　このため，静的な力が負荷されたときの工作機械の変位特性を表わす静剛性（static stiffness）は，「一定の静的な荷重が負荷された際の工作機械構造が静的な変形・変位を起こしにくい程度を表す係数」と定義され，加工精度と密接に関連しており，工作機械の特性を表わす最も重要な指標となる．

　静剛性は，静的力 F ／静的変位 δ（荷重点の変位）で表わされ，図1に示す片持ちはり（固定支持）の曲げ剛性 k は（1）式で表わされる．

$$k = \frac{F}{\delta} = \frac{3EI}{l^3} \quad (1)$$

　すなわち，曲げ剛性 k は材料の弾性を表わす物性値である弾性係数 E，断面二次モーメント I に比例し，はりの長さ l の3乗に反比例する．この断面二次モーメントは断面形状で定まるもので，負荷の大きさや作用位置と作用方向で決まるため，設計の各種拘束条件を考慮して，一定の静的変形量に収まるように剛性設計が行なわれる．

　工具と工作物間に生じる静的な変形については，図2に示した各種因子によって決定される．加工誤差を生じさせる相対変位は，加工面に垂直な方向の成分であるから，作用する力の大きさだけでなく，その方向にも十分な注意を払うことが必要である[1]．

　実際の工作機械構造では，横中ぐりフライス盤に示したように，各構成要素が結合・連結された状態で負荷を受けるため，各要素はばねモデルで近似することができる．ある部分は並列ばねで，ある部分は直列ばねで，またはこれら両方の組合わせで結合された複雑なばね系で負荷を受けることになる．図3（a）に示

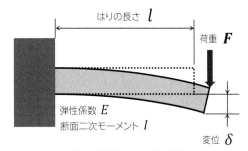

図1　片持ちはりの曲げ剛性

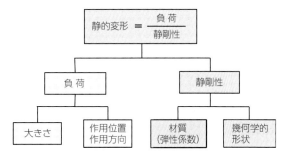

図2　静的変形量を左右する因子[1]

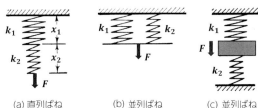

図3 直列・並列ばね

す直列結合ばねの場合，すべてのばねは同じ力によって負荷を受け，それらの変形が加算される特性から，総合ばね定数 k は次式で与えられる．

$$\frac{x}{F} = \frac{1}{k} = \frac{1}{k_1} + \frac{1}{k_2} \quad (2)$$

これを静剛性の逆数である静コンプライアンス（static compliance）で表示すると，

$$c = c_1 + c_2 \quad (3)$$

となり，総合剛性を増大するには静コンプライアンスが最大の部分，すなわち総合コンプライアンス c を最も大きく左右する部分である「弱い連結部」の剛性を増大することが必要となる．

一方，図3（b）の並列結合ばねの場合，すべてのばねの変形量が等しく，しかも負荷が分担されるので，総合ばね定数 k は次式で与えられる．

$$k = k_1 + k_2 \quad (4)$$

個々のばねの剛性の和となり，総合剛性は，主に最も高い剛性をもつばねによって，決められることになる．

直列配置のばね定数は並列配置のそれより低くなり，図3（c）の場合も並列ばねの配置となる．

2. 静的変形特性と予圧（予荷重）

工作機械の構造は，線形のばね要素でモデル化できることを前述した．しかしながら実際の工作機械構造や構成要素には，静的変形において非線形な特性を示すものがある．その代表的な例が，ころがり軸受やころがり案内（リニアガイド），さらにはボルト締結部の接触剛性などがあげられる．しかもこれらの構成要素では，負荷－静的変形特性が線形（直線）となる範囲で使用するのが大原則となっている．

最も簡単なリニアガイドの例を図4に示す．転動体であるボールの寸法について，（a）レールとブロックで形成される空間寸法に一致した寸法のボールを組込んだ場合（予圧ゼロ）と，（b）それより大きめの寸法のボールを組込んだ場合（正の予圧を付加）の比較を示している．

この状態で垂直方向の外部負荷（図では重錘1 kN で表示）が作用した場合，（b）の方が垂直方向の変位が小さくなり，それだけ静剛性が向上している．これはボールのすきまを負の状態，すなわち予圧（preloading）を与えたことになり，この結果，リニ

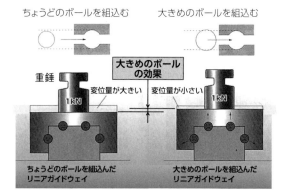

図4 リニアガイドの予圧（THK）

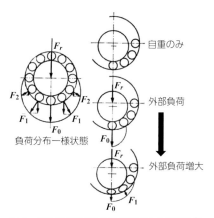

図5 ころがり軸受における荷重の分布状況[2]

アガイドの負荷容量や寿命の向上が実現する.

横型主軸軸受の場合も図5に示すように, 予圧ゼロの状態で主軸の自重と外部負荷 F_r が作用すると, 荷重が増加するに従い, 軸受要素である球の変形が増大し, 球に一様に分布するようになり, 個々の球に作用する比圧力(単位面積当りの力)は減少することになる.

この結果, 図6に示すように, 主軸端の垂直方向の変位は, 荷重の増加に伴い変形量は初めに大きく, その後は小さくしかも直線的に増加する.

このように, 予圧の最も根本的な効果は軸の支点, すなわち転動体と内外輪との接触点が弾性圧縮力を絶えず受けることの結果として, 負荷時に軸受すきまをなくして振動を抑制し, 回転精度を保持し, 軸変位(半径, 軸方向)に対する剛性が高くなることである.

振動に関して軸の固有振動数が上がって高速回転に適すること, 転動体の自転・公転が円滑に行なわれること, 外力に対して軸心の変位が減るなど, すべて剛性向上の一言でつくされる. しかし一方では, 軸受すきまを負の状態にすることは軸受摩擦を増大し, 潤滑上の危険を増すことになる. 過大な予圧は逆に寿命の著しい低下を招くことになるため, 適切な予圧量の設定が重要となる[3]).

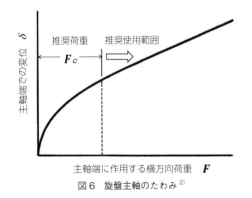

図6 旋盤主軸のたわみ[2)]

3. 構造物・工作物の質量による変形

一般的な立型マシニングセンタ(以下, MCとする)の場合, 主要構造物であるベッド, サドル, テーブルが図7に示すように3段重ねの構造となっている. これら各部材が完全剛体であれば, 個々の要素単体の精度, たとえば平行度や直角度が理想的に仕上げられていれば, 工具とテーブル間の相対変位はつねに一定となる.

しかしながら現実には, 基礎であるコンクリート床を含めて, 各要素は弾性体であり, その結果, 各要素の質量が分布荷重として下部の要素に変形を生じることになる. いわゆる弾性床上の弾性体の変形挙動[4)]が工作機械の運動精度に影響を及ぼすことになる. 工作機械の製作現場では「豆腐の上に豆腐を載せた状態」と表現される.

このため, 各要素が自重で変形し, かつテーブルが左右に移動した場合でも, 工具とテーブル間の相対変位(案内誤差)を極小化するため, 各要素間の摺動部分をきさげ仕上げによって, 中低(なかびく)の凹状もしくは中高(なかだか)の凸状の形状とすることによって, 加工精度に直接影響する工具とテーブル間の相対距離を一定に保持して, 運動精度を確保している.

図8の立型MCにおいては, ベッドにコラムを取付けると, 主軸頭の質量により重心が移動し, コラムは前倒れ傾向になる. このためあらかじめ倒れ分を勘案して, ベッド取付け面にきさげ加工によって逆方向の勾配をつける(図中の破線)ことによって, コラム

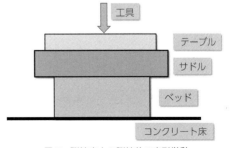

図7 弾性床上の弾性体の変形挙動

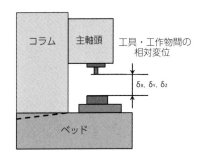

図8　主軸頭の質量による加工精度の低下

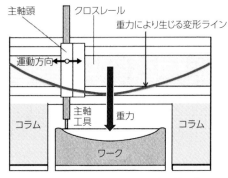

図9　重力の影響による加工精度の低下[5]

の倒れをキャンセルしている．

　構成要素が大きい大型工作機械では，各部の質量が重力変形を引き起こすことになる．図9のような門型MCで主軸頭がY軸方向に移動する場合，クロスレールには重力の影響で図中のように曲げ変形が生じる．この状態で主軸頭が左右に運動して工作物を加工すると，切削後の工作物表面は図示のように凹形になり形状精度が低下することになる．

　このため，図中の変形曲線とは逆の傾向になるようにクロスレール摺動部の精度をきさげ仕上げにより修正する．さらには質量移動による変形を，カウンタバランスや補正機能で補償する場合もある．

　その他，工作物・工具やジグ・取付具の質量が大きい場合にも重力の影響が表れ，加工精度の劣化要因となる．

4. 切削力による変形

　図8の立型MCでエンドミル加工を行なった場合，切削抵抗による反力が工具とテーブルに固定された工作物にかかることになる．そこで切削力に対する変形特性を把握するため，X方向の切削負荷を想定して，工具（エンドミル）・テーブル間の相対変位（静剛性）を測定した結果を図10に示す．

　図から，工具端の静的変位のうち，その80％以上が最も剛性の低いエンドミルの変形に起因しているのがわかる．これは前述した直列ばねモデルで考えた場合，最も静コンプライアンスの大きな工具の剛性が支配的であることを示している．

　しかしながら工具径は，工作物や加工形状により一義的に決められるもので，静的変形を小さくして誤差を極小化するには，図2に示したように切削負荷を小さくするような加工条件を選択することが必要となる．

　また，エンドミルを把持するツーリングやコレットの精度や剛性の影響も大きく，注意が必要である．

　中・大型部品や金型加工で多用される横中ぐり盤では，中ぐり主軸の繰出しにより，その自重によるたわみや重心変化による機械本体の変形が発生し，各軸の真直度や直角度が変化する根本的な問題を抱えている．

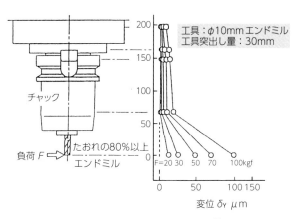

図10　工具・テーブル間の静剛性[6]

干渉回避のため長い工具を使用すると，たわみによるびびり振動が発生しやすくなるが，横中ぐり盤の場合，工具を長くする代わりに，中ぐり主軸を繰出してたわみを低減できるため，安定した深彫り加工が行えるのが特徴である．

　図11の中ぐり主軸の静剛性試験では，短い繰出し主軸（b）の工具先端たわみ量は，繰出し量が小さく長い工具を使用した（a）の約60％となっており，耐びびり振動特性の目安となる静剛性値 $1\,\mathrm{kg}/\mu\mathrm{m}$（≒ $10\mathrm{N}/\mu\mathrm{m}$）をクリアしているのがわかる．

＜参考文献＞
1) 稲崎一郎：工作機械の静・動剛性が加工性能に及ぼす影響，機械の研究，42巻1号（1990），p.135
2) F.Koenigsberger（塩崎進訳）：工作機械の設計原理，養賢堂（1966），p.49
3) 曽田範宗：軸受，岩波書店（1964），p.136
4) S.Timoshenko（鵜戸口英善，岡村弘之訳）：材料力学（中巻），東京図書（1962），p. 1
5) 清水伸二，伊東正頼ほか：トコトンやさしい工作機械の本，日刊工業新聞社（2011），p.43
6) 本田尚義，武部隆ほか：高硬度材の高速高精度エンドミル加工（第1報）切削抵抗予測によるコーナ部の送り速度制御，日本機械学会講演論文集 No.964-1（1996），p.77
7) 中村賢一，霜鳥康ほか：横中ぐり盤における自動車関連大型金型の加工事例，型技術，21巻14号（2006），p.86

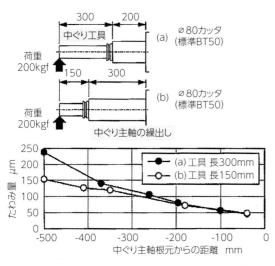

図11　φ130mm 中ぐり主軸の静剛性（倉敷機械）[7]

4 動剛性

1. 工作機械に作用する動的力と動剛性

前節の静剛性が，静的な荷重条件下における工作機械構造の静的な変位を対象としているのに対して，動剛性（dynamic stiffness）は動的な荷重や力（振動）が負荷されたときの工作機械構造の動的な変位（振動振幅）を対象としている．

工作機械には，機械に起因する振動，加工に起因する振動，そして機械以外の要因による振動など多くの振動源が存在しており，振動の性質から分類すると，強制振動と自励振動それに外来振動に分けられる（**表1**）．

工作機械に起因する強制振動源としては，主軸やモータ，工作物の不釣合い，主軸や歯車，軸受などの回転要素に起因するアンバランスや噛み合いと，ころがりに伴う振動がある．とりわけ工作機械の高速化に伴い，工具やツーリングを含めた主軸系のアンバランスのほか，移動軸の高速・高加減速送りによるテーブルなどの往復運動時の反転衝撃力による振動（過渡振動，残留振動）も無視できなくなっている．

加工に起因するものとしては，強制振動外力として，旋削工作物の非軸対称形状に伴う切削力の変動，フライス加工における多刃工具による切削力の変動などが挙げられる．

工作機械本体以外からの外来振動としては，工作機械本体に取付けた周辺機器や補機（たとえば潤滑油冷却器のコンプレッサ振動など）類の振動の伝達や，床から伝わってくる振動などがある．

これらのような強制振動の他に，加工中には特別な振動外力がなくても振動を始める自励振動，いわゆるびびり振動（chatter vibration）といわれる工作物と工具との相対振動がある．このびびり振動は動剛性に関係する自励振動で，工作機械の最大切削量を規定するだけでなく，仕上げ面粗さを著しく損い，工具寿命を低下させるため，絶対に避けなければならない領域である[2]．

ここで，**図1**に示す1自由度集中質量系の振動モデルで，工作機械構造を単純化して考えてみる．ここで，m：工作機械の等価質量，k：ばね定数，c：減衰係数である．

図において，ばね－質量系のように，二つのエネルギーの蓄積要素，すなわち運動する部分の慣性とばねの弾性の間で，運動のエネルギーとポテンシャル・エネルギーとが交換されるような系では，その応答が振動的になる可能性があり，もしエネルギーを消費する要素がなければ単振動を起こすことになる．このよう

表1 加工振動の分類（オークマ）[1]

強制振動	力外乱型	断続切削	←フライス加工
		切りくず生成の周期	←チタン合金
	変位外乱型	振動源の強制変位	←周辺装置の振動
自励振動	再生びびり	切りくず厚さの変動	←多様な加工
	モードカップリング	複数方向の振動の相互干渉	←ボーリング加工
	摩擦型	切削速度の変動	←工具摩耗

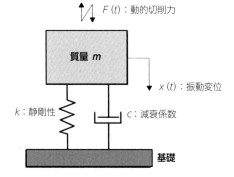

図1 1自由度振動系モデル

な系を二次振動系という．

工作機械においては送り駆動系がその代表的なものであり，そのサーボ機構の動特性を知る方法として，図2に示すようにステップ状の入力を印加し，出力の過渡状態がどのように変化するかを検討し，系の過渡状態における安定性，速応性と精度を解析することがある．この方法によって知られる特性を過渡特性と呼ぶ．

ステップ応答は実験的に特性を求めるのに便利である．これは入力として図2（a）のようなステップ入力を印加して，その出力の状態を調べるもので，系の状態によって出力が変化する．

すなわち（b）のように最初大きく行き過ぎを生じ，それから振動しながら一定値に収束して安定状態になるもの（このような出力状態のときサーボ系は安定であるという），また（c）のように，出力が一定値を中心に同じ振幅で振動を持続する状態を保つもの（安定限界と称し不安定状態の一種である），さらに（d）のように出力が一定値を中心に振動し，振幅が次第に大きくなってついに発散する不安定な場合がある．

2次振動系の固有振動数 $f_n(=\omega_n/2\pi)$ は，減衰比 $\zeta(=c/c_c=c/2\sqrt{mk})$ には関係なく，慣性とばねの強さだけで定まり，系の応答の形は f_n には関係なくζだけで定まるから，2次振動系のステップ入力に対する応答は，ζをパラメータにして，図3のように表わされる．

ζ＞0.7 では目標値に対しオーバシュート，ζ＜0.7 ではアンダシュートとなる．

これからどのくらいの時間でほぼ定常（最終値の2％以内となる時間）になるか，いわゆる整定時間 $t_s(=4/\zeta\omega_n)$ がわかる．

次に，図1において正弦波入力信号を印加したときのシステムの定常応答，いわゆる周波数応答について検討する．

運動方程式は，

$$m\ddot{x} + c\dot{x} + kx = F \tag{1}$$

このとき，動的な荷重

$$F = F_0 \sin(\omega t) \tag{2}$$

が作用したとすると，振動変位 x は次式で与えられる．

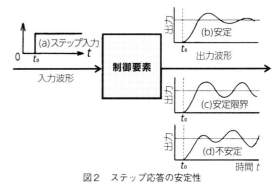

図2　ステップ応答の安定性

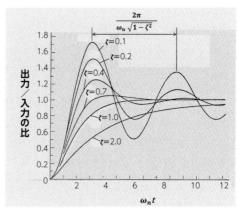

図3　2次振動系のステップ応答
（時間軸は ω_n で無次元化）

$$x = a\sin(\omega t - \varphi) \tag{3}$$

ここで，

$$a = (F_0/m)\left(1/\sqrt{(\omega_n^2 - \omega^2)^2 + 4\varepsilon^2\omega^2}\right) \tag{4}$$

$$\tan\varphi = \frac{2\varepsilon\omega}{(\omega_n^2 - \omega^2)} \tag{5}$$

$$\varepsilon = c/2m \tag{6}$$

$$\omega_n = \sqrt{k/m} \tag{7}$$

このときの周波数応答曲線を模式的に表わしたのが図4である．準静的な低周波域では，静的コンプライアンスは一定値 $1/k$ となるが，共振周波数 f_n ではコンプライアンスは最大値 C_{max} となり，動剛性 k_d は次式で定義される．

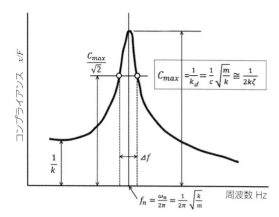

図4　2次振動系の周波数応答

$$k_d = F_0/a = m\sqrt{(\omega_n^2-\omega^2)^2+4\varepsilon^2\omega^2} \quad (8)$$

また，動的な荷重が負荷されることにより，工作機械が一般的に不安定な状態になる共振点での動剛性は(8)式において $\omega=\omega_n$ とおいた次式で与えられる．

$$k_d = 2m\varepsilon\omega_n = c\sqrt{k/m} \cong 2k\zeta \quad (9)$$

図4において静的変位 $x_s=F/k$ に対し，共振時の動的変位 $x_d=F/k_d=F/2k\zeta$ の振幅倍率は

$$x_d/x_s = 1/2\zeta \quad (10)$$

となる．

すなわち減衰比 $\zeta=0$ であれば無限大の振動変位が生じることになる．現実には工作機械構造には様々な減衰要素が存在し，一般的に $\zeta=0.01\sim0.05$ 程度であり，$\zeta=0.01$ とすると振幅倍率は50倍にも達する．

また，図4の実験的に求められた周波数応答曲線から，実際の工作機械構造の動特性について，固有モードの特性を表わす(1)式中の等価係数 m, c, k と減衰比 ζ を求めることができる．

まずバンド幅法により減衰比 ζ を求める．コンプライアンスの最大値 C_{max} の $1/\sqrt{2}$ となる2つの周波数の幅 Δf と共振周波数 f_n から，

$$\zeta = \Delta f/2f_n \quad (11)$$

で求められる．さらには，

$$k \cong 1/(2\zeta C_{max}) \quad (12)$$
$$m \cong k/(2\pi f_n)^2 \quad (13)$$
$$c \cong 1/(2\pi f_n C_{max}) \quad (14)$$

となり，周波数応答曲線から工作機械構造の動特性を把握することが可能となる．

このように振動系においては，減衰特性が重要となってくる．減衰（damping）とは，力学的エネルギーの損失をいい，系のなかに力学的エネルギーを熱に変える部分があることを意味する．

主要な減衰の種類として，構造部材の内部摩擦や結合部材の微小な相対変位による摩擦，支持部の空隙に存在する油膜，空気や流体の相対運動による流体摩擦，摺動体が移動するときの摩擦などが減衰として作用する．これらは，簡単化のため，一般的に速度に比例する粘性減衰として取り扱われることが多い．

(9)，(10)式から，動剛性 k_d の高い工作機械構造を設計するには，静剛性 k と減衰比 ζ を大きくし，質量 m を軽くすればよい．これにより共振点での振幅倍率を小さくできるばかりでなく，びびり振動が発生しない加工領域を大きくでき，高能率な加工が可能となる（図4）．

しかしながら減衰比 ζ は工作機械では一般的に0.01のオーダであり，これを大きくするためには設計的に静剛性が低下する場合が多い．よって，静剛性を高く軽量化を実現することを最優先にすべきである．

具体的な動剛性向上の対策例としては，

①静剛性 k を可能な限り大きくする．たとえば，縦弾性係数の大きい構造材料を使用して軽量化を進めて，リブや隔壁，さらには2重壁構造や閉断面構造を採用したコラムの採用[3]，また超硬ボーリングバーのように，一般鋼材の代替として超硬合金を採用するケースもある．

②減衰比 ζ を大きくすることは原則的に無理があり，中ぐり加工などのように切削工具径の制限を受けて静剛性の向上が不可能な場合には，ダイナミックダンパなどを工具系に付加して減衰比を大きくして耐びびり振動特性を向上させるケースもある．

2. 工作機械構造の動特性

工作機械構造の振動源はそれらの大きさや周波数が様々であるが，加工精度に直接影響を与えるのは，工具と工作物の間の相対振動であるため，まず工作機械の振動周波数に対する動剛性を測定する必要がある．

構造物などの振動特性を測定する古典的な方法として，伝達関数解析装置（TFA）を用いて構造物を加振してその応答を求め，その応答波形から固有振動数や減衰定数を求めることができる．また，同様の測定を数多くの点について繰返すことにより振動モードが明らかとなり，運転時の振動特性とともに，動剛性改善ためのデータとすることができる．

加振にあたっては，振幅一定とした正弦波を用い振動数を掃引することによって，応答の振幅と位相で表示される周波数応答曲線が得られ，これから固有振動数，減衰比を求める．

現在ではより簡便なインパルスハンマを用いたインパルス応答法によって動特性の測定を行なうことができる．この方法は，インパルスハンマを用いて機械の各点を加振し，得られる減衰波形に高速フーリエ変換（FFT）を適用して，周波数応答を求める方法である．

図5は横中ぐりフライス盤のテーブル－主軸間の上下（Y軸）方向の加振実験を行ない，中ぐり主軸突出し長さと，共振周波数，共振振幅との関係を示したものである．

中ぐり主軸の突出し長さ l が，200～450mmと大きくなるに従って，共振周波数は低く動コンプライアンスが大きくなっている．また，突出し長さ l が，大きくなるに従い減衰比は小さくなり，ピーク値を示す曲線もそれだけ先鋭になっているのがわかる．

$l = 200$ において減衰比が $\zeta = 0.10$ と大きな値を示しているが，これは図6の主軸構造に示すように，中ぐり軸がフライス主軸に嵌合されたブッシュにより案内されていることによって，空隙に存在する油膜が減衰として効いているものと考えられるが，一般に工作機械の減衰比は0.01のオーダであることが多い．

試験結果

中ぐり主軸突出し長さ l mm	共振周波数 f_n Hz	減衰比 ζ
450	154	0.03
280	263	0.04
200	359	0.10

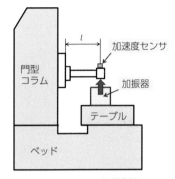

加振実験

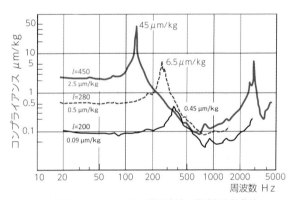

図5　横中ぐりフライス盤の加振実験と周波数応答曲線

中ぐり主軸突出し長さ $l = 280$mm以下では，20Hzで測定された準静的なコンプライアンス（静剛性の逆数）はびびり振動の発生の目安となる 1μm/kg（≒ 1μm/10N）を下回っているが，$l = 450$mmでは 2.5μm/kgと静剛性が大きく低下しており，びびり振動発生の可能性がそれだけ大きくなる．

図5の例では，ただ一つもしくは二つの共振点が顕著であったが，実際の工作機械構造では多自由度系であるため，2次以上の高次の固有振動と振動モードが顕著に表われる場合がある．

図7はひざ形立フライス盤のZ軸方向加振の結果で，3つの共振周波数で固有の振動モードを示している．(c)，(d)，(e)は，図(b)のフレームABCDEFの動的変形モードを示したもので，f_n＝78Hzでは図(c)に示すように，工具，主軸頭とコラムはニーに相対的に一体なものとして振動し，いわゆる音叉形モード（tuning-fork mode）であり，工具－工作物間の相対変位が最も大きく加工精度に影響を及ぼすことになる．

f_n＝154Hzでは図(d)に示すように，コラムに曲げ振動が発生し，f_n＝286Hzでは図(e)に示すように，主軸頭と主軸のみが振動している状態を示している．この測定では，主軸とテーブル間の相対変位を測定しているため，すべての構成要素が同位相で基礎に対して揺動する，いわゆるロッキングモード（rocking mode）が測定結果には表われていないが，f_n＝15.5Hzであることが別の測定で確認されている．このロッキングモードの振動には，基礎との間でレベル調整するレベリングブロックやそれらの接合部の剛性の影響が大きく，主軸頭やコラムの移動時の加減速による残留振動となって悪影響を及ぼす場合があるので注意が必要である．

このように工作機械の動特性の測定によって，振動モードが明らかになれば，逆に最弱箇所の特定が可能となり，設計変更により剛性の向上を行なうことができる．

なお，現在では有限要素法（FEM）により比較的簡単に動特性の把握が可能となったが，単体部品の剛性解析については，ほぼ妥当な結果が得られるが，締結部品や接合部がある機械構造においては，それら接

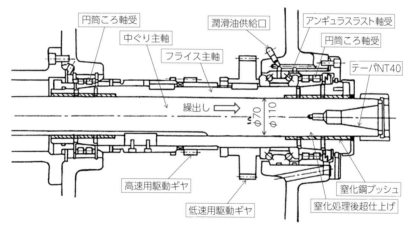

図6 横中ぐりフライス盤の主軸構造[4]

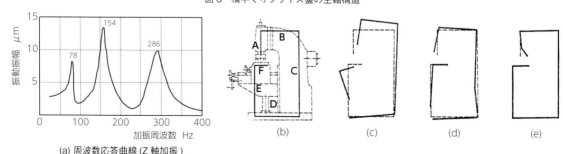

図7 ひざ形立フライス盤の周波数応答曲線と振動モード[5]

3. 過渡振動と外来振動の影響

機械加工を高能率化するためには，工作機械の主軸や送り系の高速化，そして非切削時間の短縮が必要となる．後者については，ATCの工具交換時間，回転テーブルの割出し時間などの高速化が求められる．

高速化には主軸回転数や早送り速度の高速化だけでは不十分で，それらの高加減速化が必要となる．この場合には，移動体であるテーブルやコラムの慣性力による残留振動が加工誤差となって表れ，とくに金型加工においては表面品位の劣化につながる．

図8は，立型マシニングセンタ（MC）のテーブルをY軸移動したときの主軸－テーブル間の相対変位を測定した結果である．送り速度F=375～6,000mm/minの範囲で，加減速時定数を変化させたときの初期振幅の大きさは，時定数が小さいほど初期振幅が大きく，Z方向に食い込みが生じ，金型加工面品位の劣化につながる．意匠型の場合には初期振幅を1μm以内に抑えることが要求される．

このため，工作機械構造の設計に際し，移動質量をできるだけ軽く，しかも重心と駆動位置に留意して，極力残留振動が発生しない構造としている．

それと同時にNC装置においては，加減速制御方法によって加減速時の衝撃を和らげる種々の対策が講じられている．図9（a）の台形加減速では，所望速度への到達時間（時定数）が短いと駆動機構に大きなショックが現れるが，（b）のS字形は，加速度を緩やかに制御することができる．時間短縮のためには最大加速度を高める必要があり，量産対応MCでは加速度1G以上の早送り速度が実現されている．

（c）のアドバンストS字形（ベル形加減速ともいう）では，緩やかな加速後，最大加速度を一定に制御し，所望速度到達前に減速し，ほぼショックのない状態で時間短縮が可能となる．

図10は立型MCにおいて，加減速時に加工面に振動縞が発生したときの主軸－テーブル間の相対変位を測定した結果である．ただし，機械の仕様は同じで，NCの加減速パラメータも同一にして比較している．

標準仕様のS機に対し，金型加工を対象としたD機では，移動体である主軸頭の質量を半減し，ボール

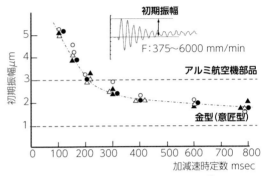

図8　テーブル加速度の影響（OKK）[6]

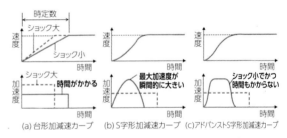

図9　加減速カーブの種類と特徴（三菱電機）[7]

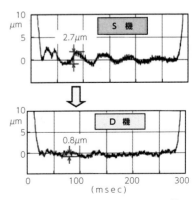

図10　加減速時の残留振動（OKK）[8]

ねじのリードを小さくしてサーボ剛性を上げた結果，標準仕様に比べ振動振幅が小さく，残留振動特性が改善され，加工時間を長くすることなく振動縞のない良好な加工面が得られている．

工作機械の本体以外から伝播してくる振動，いわゆる外来振動の影響については，その振動源や振動特性を把握したうえで，適切な対策をとることができる．

図11は床振動の影響を示したものである．ゴムマウント4個で支持された横軸平面研削盤の正面前方1mの位置に起振機を設置し，床を加振した．図には3種類の剛性が異なるゴムマウントを使用した場合の振動伝達率（振幅比）が示されている．図からマウント剛性の影響は顕著で，このことは逆に，工作機械構造の振動特性を議論する場合，その支持部，たとえばコンクリート基礎やレベリングブロックなどの特性も考慮する必要があることを示唆している．

図12はMCコラム本体に取付けたオイルクーラ作動時の微振動が伝わり，金型加工面に送り方向約28Hzの周期で斑点が発生した例を示す．オイルクーラ休止時間に相当する約6ピック間では，斑点は見られない．これらの外来要因を排除するため，図11に示したゴムマウントを使用するか，もしくは別置きのオイルクーラを採用することにより，外部より伝わってくる振動を遮断している．

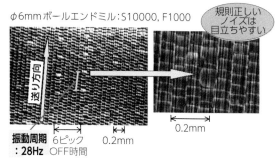

図12 外来振動の影響（OKK）[8]

4．工作機械構造の動剛性とびびり振動

加工振動には前出表1に示したように，工作機械各部の不釣合や，エンドミルの断続切削などによる外力が工作機械の構成要素と共振することで生じる強制振動と，工作機械の動特性と切削力変動のフィードバック効果に起因する自励振動がある．前者は強制びびりと呼ばれ，加振源の周波数を同定することにより，適切な処置を講ずれば解決できることが多い．

一方，後者は再生びびりと呼ばれ，進行方向に対して傾いた振動模様が加工面につくことが特徴である．自励びびりの振幅は一般に強制びびりのそれより大であり，実際の加工で問題となるびびり振動の多くは再生びびりである．

ここで工作機械の自励振動系をブロック線図で示したのが図13である．

入力の設定切込みに対して，切削過程の動特性と工作機械構造の動特性が工具・工作物の相対変位に影響を及ぼし，その出力が再生効果として実切込みの変動としてフィードバックされることになる．

すなわち切削過程の動特性と工作機械・工具・工作物・治具を含めた工作機械構造の動特性が相互に影響し合い，ある条件下でびびり振動が発生することになる．

これらの関係を模式的に示した安定限界線図を図14に示す．主軸回転数ごとの切削可能な限界切削幅を示しており，ローブ（葉の意味）と呼ばれる放物線

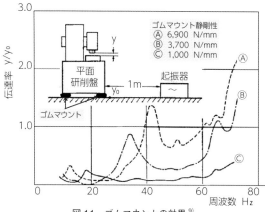

図11 ゴムマウントの効果[9]

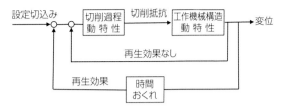

図13 工作機械の自励振動系

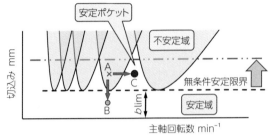

図14 安定限界線図

状の領域の下側の安定領域では再生びびり振動は生じない．

ローブは固有振動数の $1/n$（$n=1,2\cdots$）となる回転数ごとに表われ，隣り合うローブの間では大きな切削幅まで安定域となり，これを条件付き安定域（安定ポケット，または Sweet Spot とも呼ばれる）と呼ぶ．また，破線より下では回転数に関係なく安定に加工が行なえる無条件安定域である．

図14 では，無条件安定限界は横軸に平行な直線で示したが，実際には低速域で上昇する傾向がある．これは低回転領域では，工具逃げ面が仕上げ面と干渉して非線形の力が発生し，この力が振動を減衰させ，びびり振動発生限界を増加させるためとされている．

いま仮に点 A の切削条件下でびびり振動が発生した場合，これを回避するには①切込みを小さくして点 B の条件に変更する，もしくは②主軸回転数を変更して点 C の条件に変更する方法がある．

これらの対策は，これまで熟練作業者が経験的に行っていたが，現在では知能化技術の一環として自動化周辺技術として商品化されている．

工作機械の動剛性向上の観点からは，図14 に示した無条件安定限界を二点鎖線のレベルまで大きくすることが第一である．このためには，工作機械本体のみならず，工具・工作物・治具などを含めた力の流れを考慮して，静剛性・動剛性の向上を目指した剛性設計が基本となる．

剛性を高くすることにより，大きな切削力でも安定して加工ができ，切削幅が大きく取れ，加工能率と加工精度の向上が可能となる．

一方，加工現場ではびびり振動の対応策が必ずしも十分ではない．びびり振動の発生原因の80％以上は，工作機械本体ではなくユーザーの使用条件，たとえば工具やその切削条件，さらには治具の剛性などに起因するといわれている．

極端な例ではあるが，高能率加工を目指して高剛性の工作機械を新たに導入し，従来の工具をそのまま流用し，同じ切削条件で加工してびびりが発生したケースがある．静剛性の低い MC でびびらなかったのに，高剛性 MC ではびびり振動が発生し，加工できないのは MC の性能に問題がある，といったクレームがあった．

この原因は，図14 に示した無条件安定限界は確かに大きくなったが，従来の切削条件がたまたま条件付き安定領域（安定ポケット）にあったものが，高剛性 MC では運悪く不安定域に重なったためである．切削条件を変更すれば，容易にびびり振動を回避できるものが，工作機械本体のクレームとなった残念な例である．

＜参考文献＞

1) 千田治光：工作機械周辺装置の最新動向，2015年度工作機械加工技術研究会（2015-6），大阪府工業協会
2) 日本工作機械工業会編：工作機械の設計学（基礎編），日本工作機械工業会（1998），p.37
3) 日本工作機械工業会編：工作機械の設計学（応用編），日本工作機械工業会（2003），p.53
4) 橋本文雄：工作機械構造中接合部の解，精密機械，38巻11号（1972），p.896
5) S.A.TOBIAS（米津栄，下郷太郎訳）：工作機械の振動，コロナ社（1968），p.201
6) 柴原豪紀：工作機械における加工振動の対策事例，2016年度工作機械加工技術研究会（2016-10），大阪府工業協会

7）清水伸二，伊東正頼ほか：トコトンやさしい工作機械の本，日刊工業新聞社（2011），p.53
8）幸田盛堂，柴原豪紀ほか：金型加工用工作機械の要求特性と対策事例，2004年度精密工学会秋季大会学術講演会講演論文集（2004），p.335
9）稲崎一郎：工作機械のダイナミクス（2）その評価と設計への応用，機械の研究，30巻3号（1978），p. 431

5 熱剛性

1. 工作機械の熱変形挙動[1]

工作機械の基本3運動,すなわち切削運動,送りと切込み運動を行なわせるためには,エネルギーを消費することになる.この消費エネルギーは基本的に熱に変換され,工作機械各部が発熱源となり,また工作機械の周囲環境温度の影響を受けて工作機械構造の温度変化を生じ,その結果,熱変形を生じて加工精度の劣化を招くことになる.

これらの「熱負荷に対する変形のしにくさ」を熱剛性と呼ぶことにする.

マザーマシンといわれる工作機械の技術課題は,主軸系や送り系などの高速化と高精度化の2点に集約されるが,両者は基本的にトレードオフの関係にある.すなわち,高速化に伴い必然的に消費エネルギーすなわち発熱が増大することになり,その結果として熱的問題を惹起し,加工精度の劣化を招くことになる.

そのため高精度を維持するための熱的設計と熱変形対策が必須となる.

そこで,工作機械の熱変形挙動の基本を理解するため,図1に示す立型マシニングセンタ(MC)の熱変形について考えてみよう.

主軸径は$\phi 85$mmで,アンギュラ玉軸受(DBB背面合せ)で支持されグリース潤滑である.なお,主軸系のオイルジャケット冷却油や歯車駆動系の潤滑油の温度制御は行なわず自然放冷とした.

主軸の回転に伴う発熱により,①主軸頭がY方向に熱膨張すると同時に,この熱が②コラム前面に伝導され,その結果コラム軸線はC_1'のようにそりを生じる.このそりは,①主軸頭の傾きにも影響して主軸軸線はC_2'のように傾き,工具の加工位置でΔY_2の熱変位誤差を生じる.また④サドルのY方向往復運動に伴い,駆動時の摩擦熱によりボールねじ⑤の温度が上昇し,指令位置Yに対しΔY_1の熱膨張誤差を生じることになる.

主軸を3500min^{-1}で無負荷連続回転させたときの熱変位の経時変化を図2に示す.熱変位ΔY,ΔSは

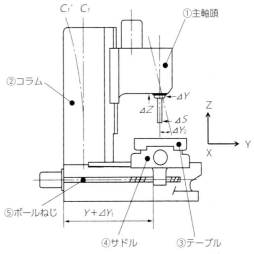

図1 立型MCの熱変形(主軸冷却OFF)[1]

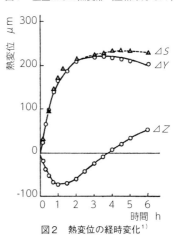

図2 熱変位の経時変化[1]

5 熱剛性 35

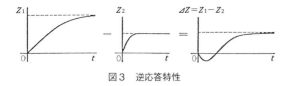

図3 逆応答特性

時定数約45minの一次遅れ系の挙動を示し，一方，①主軸頭のZ軸方向熱変位ΔZは約1h後にテーブルとの相対変位が極小値となり，そののち熱変位が漸増している．このZ軸方向の熱変形挙動いわゆる逆応答特性（図3）は，それぞれ熱容量と熱時定数の異なる主軸，主軸頭およびコラムの熱的特性の変化が相互に関連して生じるもので，C形コラムタイプ立型MC（後述7.3節図1参照）の熱変形挙動の特徴である．

図2から主軸の動きを模式的に示すと，図4のようになる．すなわち，約2hで主軸頭のY軸方向の単純膨張が定常状態に達し，同時に主軸および主軸頭のZ軸方向の単純膨張を生じる．

主軸単体は主軸頭に比べて熱容量小さいために約30minで定常状態に達するが，その後，主軸頭の温度上昇によりZ軸方向に漸増している．約2h経過後から，主軸はZ軸方向に上昇するとともに，Y軸方向に後退している．これは主軸頭の熱がZ軸案内面を通過してコラム前面に伝導し，コラム前面と背面の温度差によりコラムが後方にそるためである．

このように工作機械の内部熱源であるモータや軸受，歯車駆動系のみならず，図5に示すようにその設置環境における外部熱源の影響も受けることになる．内部熱源には，モータ，軸受および歯車駆動系など工作機械要素の運転に伴う損失熱，加工の際に発生する加工熱や切りくずと切削油などの熱源がある．外部熱源としては，工作機械の設置環境である雰囲気温度や空気の流れに伴う熱伝達，そして日光や他の熱源からの熱放射（熱輻射）などがあり，これらの熱源が相互に連携して熱変位の誤差要因となるため，複雑な熱変形挙動を示すことになる．

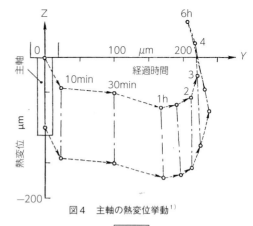

図4 主軸の熱変位挙動[1]

図5 工作機械の熱源[2]

2. 熱変形機構と一次遅れ系の特性

前出図1に示した立型MCの複雑な熱変形挙動も，個々の要素に分解すれば図6に示す3種の基本形態に集約される．すなわち，要素の平均温度上昇T_mによる単純伸び（単純膨張）と，要素の温度差ΔT_mに基づくそりが，単独もしくは重畳した形で現われ，部材の拘束状態や熱的定数（熱容量，時定数）により熱変形の様相が異なる．

工作機械の主要な構成部材である鋼や鋳鉄は$10 \sim 12 \times 10^{-6}/℃$の熱膨張係数を持っており，このことは温度が1℃上昇することによって，長さ1mの部材であれば約$10\mu m$，単純膨張することになる．

このように工作機械構造の内部熱源と外部熱源により発生した熱は，熱伝導，熱伝達さらには熱放射によって工作機械各部に伝わり，各部の温度上昇，ひいては

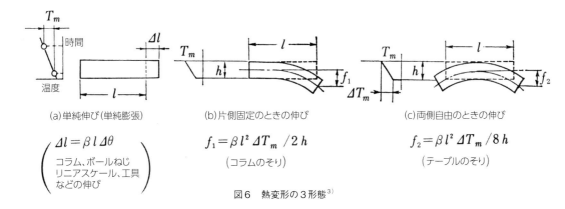

図6 熱変形の3形態[3]

熱変形を生じ，結果的に加工精度の低下につながる．すなわち**図7**に示すように，外部から供給された入力エネルギーは加工法，加工条件に応じた熱を発生し，これが工作機械，工作物と工具に伝導することにより各部の温度が上昇する．その結果，各部の寸法変化が熱変形として表れる．実際の工作機械ではこれら内部熱源のみならず，室温変動などの外部熱源の影響も加わって極めて複雑な熱変形挙動を示すことになる．

このため，熱変形防止対策として種々の試みがなされてきた．熱変形による加工精度の劣化は図7に示した機構で生じるので，この連鎖をどこで遮断するかによって熱変形対策が異なる．

ここでは，熱変形機構の基本を理解するため，**図8**の簡単化した集中質量系モデルで考察する．

対象を熱容量 C の集中質量系とし，内部熱源からの一様発熱 Q，全表面 S から雰囲気温度 T_a への熱放散 Q_0 を考慮し，そのときの平均温度上昇 T_m の変化を考える[4]．

α_m を平均熱伝達率とし，微小時間 Δt における集中質量の熱収支を考えると

$$C \Delta T_m = Q \Delta t - Q_0 \Delta t \quad (1)$$

ここで $\quad Q_0 = \alpha_m S T_m \quad (2)$

$\Delta t \to 0$ の極限を考えると，(1)，(2)式より次式が得られる．

$$\tau \frac{dT_m}{dt} + T_m = AQ \quad (3)$$

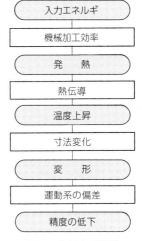

図7 熱変形の機構[3]

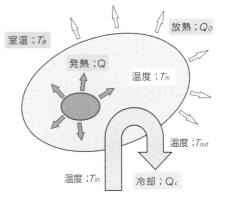

図8 集中質量系モデル[1]

5 熱剛性 37

ここで　時定数：$\tau \equiv \dfrac{C}{a_m S}$　　　　　　(4)

　　　　　ゲイン：$A \equiv \dfrac{1}{a_m S}$　　　　　　　(5)

(3) 式は時定数 τ，ゲイン A の一次遅れ系の微分方程式を表し，その伝達関数は

$$G(s) = \dfrac{A}{1+\tau s} \quad (6)$$

で表わされる．

　ここで内部発熱として，ステップ状に一様発熱 Q が負荷されたとき，初期条件 $t=0$ で $T_m=0$ とすると，(6) 式の解は次式で与えられる．

$$T_m = \dfrac{Q}{a_m S}\left(1 - e^{-t/\tau}\right) \quad (7)$$

(7) 式から定常値は $Q/a_m S$ となり，(4) 式に示した時定数の定義から，熱容量が同じであれば熱伝達率が小さいほど，また表面積が小さいほど時定数が大きくなる．これは温度分布が平衡状態に達する時間，いわゆる整定時間（時定数の4倍で定義され，このとき定常値の98%の値を示す）が長くなることを意味している．

　工作機械の設置環境の変化を含め，熱的特性の基本は(6)式で集約される．すなわち，対象の材質と寸法形状が同一であれば，定常値は内部熱源の大きさ Q に比例し，時定数は Q の大きさに関係なく一定となる（図9）．

　具体例として，横型 MC のコラムを対象に，その 1/2 スケールの鋳鉄（FC200）製モデルコラムを用いて，一次遅れ系で表わされる熱変形挙動について，説明する．

　図10 に示すモデルコラムを，熱伝達率 $\alpha = 10.1$ W／（㎡・K）の恒温室内で熱的特性を測定した．コラム背面には模擬熱源として 100W（100V）プレートヒータ H1～H3 が，コラム底面から高さ 250，450，650mm の位置に計6個取付けられている．

　ヒータ加熱によるコラム軸線上の熱変位を6点（C0～C5），室温 Ta およびコラム側面の軸線上，底面か

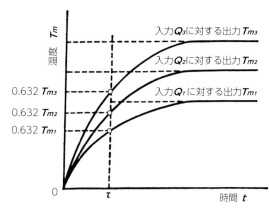

図9　一次遅れ系のステップ応答（「数値制御の設計」浜岡文男，大河出版）

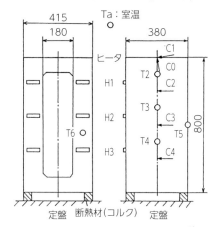

図10　モデルコラムの模擬熱源と測定位置[5]

らの高さ 700，500，300mm 位置でのコラム表面温度 T2，T3，T4 と，コラム前面の高さ 400mm 位置およびコラム背面の高さ 350mm 位置でのコラム表面温度 T5，T6 を測定した一例を図11に示す．

　コラム背面のヒータ H1，H2，H3 に 50V（ヒータ効率を100%として 25W，21.6kcal/h に相当）を印加したときの熱変位とコラム表面の温度変化を図11の実線で示す．なお，図中の点線は FEM（有限要素法）解析による計算値である．図11からコラム上端のそり量 C1 は，最小二乗法により時定数 15.9min の指数関数で近似でき，次式であらわされる．

$$C1 = 64.8\left(1 - e^{-t/15.9}\right) \tag{8}$$

コラムのそりの経過時間による変化をスケルトン表示したのが**図12**で，約60min後にはそりの形態がほぼ定常状態に達しているが，一方，コラムの単純膨張C0については定常状態に至らず，時間とともに増大している．これは**図13**のコラム側面のサーモグラフィによる表面温度の測定結果にみられるように，コラム前面の温度T5と背面の温度T6との温度差は整定時間 15.9 × 4 =63.6min で定常状態となるが，そののち温度勾配一定の状態でコラム表面温度の絶対値が上昇することを示している．

図14はヒータ印加電圧を変化させたときのコラム上端のそり量C1の経時変化を示したもので，ヒータ電圧（流入熱量）に関係なくほぼ一定の時定数（定常値の63.2%，**図9**参照）15.9minを示し，典型的な一次遅れ系の特性を示している．そして整定時間 15.9 × 4 =63.6min で定常状態となっている．

横型MC実機でのコラムの加熱実験においても，熱容量の差および周囲環境温度の影響を受け，時定数はほぼ1～2hの範囲の値をとり，モデルコラムと同様に一次遅れ系の挙動を示す．

モデルコラムとほぼ同じ条件で，横型MCのコラム背面を加熱したときのコラムそり量の変化を**図15**に示す．

ヒータを時間間隔20min（Duty比1:1）でON-OFF加熱したときのコラム上端のそり量D1は，図中の破線で示した連続加熱の場合のそり量の1/2になっている．Duty比が同じであれば，時間間隔が変化してもそり量の平均線は同一となる．このように，一次遅れ系では重ね合せの原理が成り立つ．

また，ヒータON-OFF時のむだ時間L1, L2はそれぞれ2.2, 1.2minと短く，それだけ温度差に敏感で，そりに対する応答性が速い．それだけにコラム前後面での温度分布の均一性が重要で，各種の熱変位対策が講じられている（後述**15章図11**参照）．

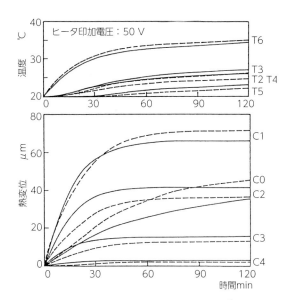

図11 モデルコラムの温度上昇と熱変位[5]

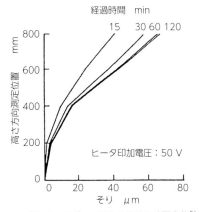

図12 モデルコラムのそりの時間変化[5]

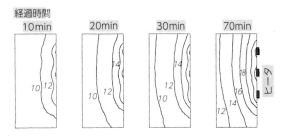

図中の数字は温度上昇℃を示す

図13 モデルコラム側面の温度変化[5]

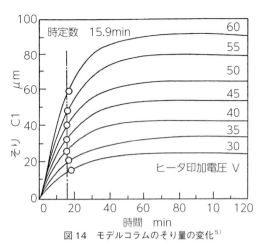

図14 モデルコラムのそり量の変化[5]

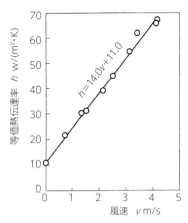

図16 風速による熱伝達率の変化[5]

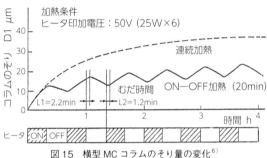

図15 横型MCコラムのそり量の変化[6]

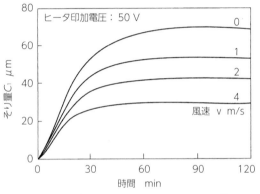

図17 風速によるモデルコラムそり量の変化[5]

3. 熱変形解析と境界条件

　熱変形の一般的な解析法として有限要素法（FEM）が多用される．近ごろこれらの汎用ソフトが利用しやすい環境にあり，今後ますます有効なCAEツールとして活用されていくのは必至であるが，剛性設計を基本とする工作機械の解析においては，境界条件に十分な注意を払う必要がある．

　すなわち，静剛性設計における部品相互の接合面における接触剛性，動剛性設計における接合面での接触剛性や減衰係数，さらには熱剛性設計における熱伝達率や接触熱抵抗の値によって，解析結果が大きく変動するケースがある．

　とりわけ，個体面と流体の間に生じる伝熱である熱伝達（Heat Transfer）は，界面の複雑な現象を対象にしたものであり，FEMによる熱変形解析において非定常熱伝導方程式を解くには，熱的物性値として熱伝導率，線膨張係数，比熱，密度そして熱伝達率が必要となる．

　熱伝達率を除く物性値は便覧記載の数値を採用しても，解析結果に大きな影響を及ぼさないが，境界条件のうち技術的係数である熱伝達率には十分な配慮が必要となる．一般に知られているように，風速が1m強くなると体感温度は1℃下がるとされ，風速が強くなるほど体温が奪われやすいことを意味している．

　一般の工場雰囲気下における熱伝達率は，5～50W/(㎡・K)とされているが，**図16**に示すように風速によっても大きく変化することになる．

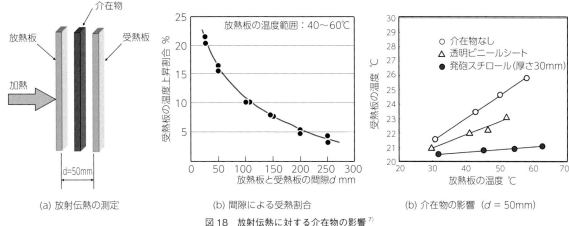

図18 放射伝熱に対する介在物の影響[7]

この結果，前出図10のモデルコラムについて，風速（熱伝達率）を変化させた場合，コラム上端のそり量の解析結果は図17のように，定常値と時定数が大きく変化することになる．

換言すれば，技術係数である熱伝達率を操作することにより，実験値と解析結果を容易に合致させることができるが，これは決して正しい解ではない．

FEM解析で用いる熱伝達率は，より正確な実測熱伝達率を採用することを前提としない限り，熱変形解析についての正しい理解は得られない．

実際の工作機械や加工雰囲気下では，温度の異なる構造体間の熱の授受，いわゆる熱放射が熱変形に影響する場合が多い．たとえば切削油剤の流路における熱伝達と熱放射などである．

そこで，図18（a）の装置を用いて熱放射の影響を実験的に確認した．面全体の均一加熱が可能な面ヒータ（100W）を放熱板（150×500mm）に取付け，間隙量 d＝50～250mm を変化させ，相対した同サイズの受熱板の熱放射による温度変化（定常値）を測定した．

図（b）は，放射伝熱による受熱板の放熱板温度に対する上昇割合を，間隙量 d に対しプロットしたものである．この図から，間隙量 d＝50mm では，受熱板の温度上昇は放熱板のそれの15％にも達し，決して無視できる値ではない．逆に放射伝熱の影響を10％以下にするには間隙量 d＝100mm，5％以下にするには d＝200mm の間隙量が必要となり，現実的な設計とはなりえない．

図（c）は放熱板と受熱板との間に介在物（発泡スチロールと透明ビニールシート）を挿入することによって，放射伝熱の遮断効果を確認した結果である．発泡スチロールを挿入した場合には，放射伝熱による遮断効果が顕著に表れており，熱変形対策として有効な手段となる．

4. 冷却法とその効果

実際の工作機械では，積極的に発熱部分を冷却する方法が採用されている．前出図8に示した集中質量系モデルにおいて，発生熱を空気や冷却油などの冷却媒体で強制的に発生熱 Q_c を奪いとる方法である．この場合，冷却媒体の冷却能力が問題となる．

代表的な冷却法として，工作機械で最大の発熱源である主軸系と主軸頭について，熱変形対策の基本となる冷却法の比較検討とその対策例について説明する．

図19に示すモデル主軸の一端に模擬熱源としてバンドヒータ（100V, 100W）を取り付け，加熱による軸方向の温度分布 T1～T5 を測定した[1]．冷却媒体である空気は室温同調とし，向流形式で主軸外周部を

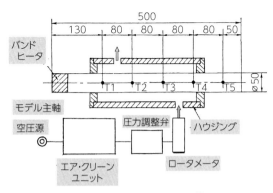

図19 主軸冷却モデル実験装置[1]

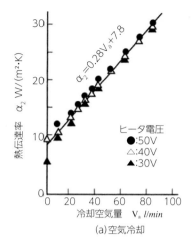

(a) 空気冷却

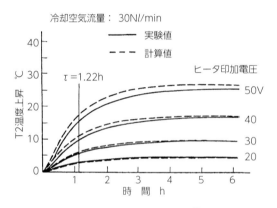

図20 ヒータ印加電圧の影響[1]

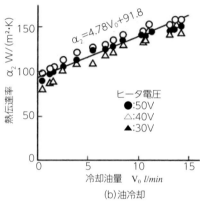

(b) 油冷却

図22 冷却媒体の流量と熱伝達率の関係[1]

空気冷却する．シミュレーションには1次元熱伝導問題として計算した．

空気流量を30Nℓ/minとして印加電圧20〜50Vで加熱したとき，また印加電圧を40Vの一定とし，空気流量を0〜80Nℓ/minと変化させたときのT2温度上昇の経時変化をそれぞれ**図20**，**図21**に示す．

図20から印加電圧すなわち主軸への流入熱量に比例して定常値が大きくなり，時定数は流入熱量に関係なく約1.2hの一定値となり，集中質量系で導かれた一次遅れ系の特性式（4），（5）の傾向と一致する．

また**図21**から，同じ加熱条件下において空気流量が大きいほど定常値は小さく，時定数が小さくなって

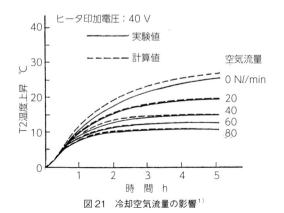

図21 冷却空気流量の影響[1]

いるのがわかる．

ちなみに空気流量 30Nℓ/min のときの時定数 1.2h に対し，空気流量を 80Nℓ/min に増大すると時定数は 0.86h と小さくなる．集中質量系における時定数の定義 (4) 式の関係から，空気流量を増大させることにより，熱伝達率が大きくなることがわかる．

図 22 は，冷却媒体（空気と冷却油：スピンドル油 C10）とこれらの流量から熱伝達率を実験的に同定した結果で，模擬熱源としたヒータ電圧（流入熱量）とは無関係に，冷却流量と熱伝達率とは比例関係にあり，空気冷却と油冷却法の冷却効率の定量的比較が可能となる．ただし，ボールねじの中空冷却の場合には，穴内面の表面積により制限を受け，冷却媒体の流量の増加に応じて熱伝達率は上昇するが，ある一定流量で飽和することになる．

こうした基礎データを十分把握したうえで FEM 解析を有効に利用することにより，確実な熱変形対策が可能となる．

5. 熱変形対策と精度補償技術[1)]

工作機械の熱変形対策による高精度化のアプローチには，次の二つ手法がある．
　ⓐ 工作機械構造の熱剛性設計
　ⓑ 精度補償技術による高精度化

ⓐ は工作機械構成要素について，熱剛性の観点から実験解析を行ない，black box の中身を明らかにするもので，固有技術の高度化に相当し，主に有限要素法（FEM）が用いられる．これらのアプローチにおいては，熱変形挙動特有の①一次遅れ系の特性と，②FEM 解析における境界条件（特に技術的係数である熱伝達率）の取扱いが重要となることは前述の通りである．

ⓑ は熱変形挙動を black box とみなし，その出力である温度上昇や熱変位を予測もしくは測定して補正する方法で，固有技術をベースに制御技術を融合したインテリジェント化技術に該当し，NC のオープン化にともない今後ますます重要となってくる．

立型 MC の熱変形の予測手法として，各種条件下における熱変位測定値をベースに誤差テーブル，もしくは誤差曲線をコンピュータ内部に作成し，稼働条件と特定箇所の温度測定値から熱変位量を推定し，NC ソフトウェアを用いて自動補正するものが大部分である．これらは，工作機械本体以外の外乱要因，たとえば雰囲気温度などの変動を測定することにより，これによる熱的誤差の自動補正も可能となる．ここで問題になるのは時定数 τ に起因する時間遅れで，ある特定箇所の温度上昇を検出して熱変位を推定する際に，補正精度が劣化する場合がある．

前述の諸式から熱変形対策の基本対策が導かれ，これまでの熱変形対策の定性的説明が可能となる．個々の工作機械構成要素の熱変形については上記の対策で可能であるが，複数の要素が重畳したシステムとしての工作機械の熱的特性の把握については技術的にも未解決な部分が多く，理論と実際の乖離が散見されるのが現実である．

実際の工作機械では構成要素のほかに，工具や工作物，切削油剤の熱の流れが複雑に絡みあい，室温変動などの外乱の影響も加わって非常に複雑な熱変形挙動を示す．コラムを例にとると，室温や空気の流れは地面からの高さによって違い，カバーや鋳抜き穴の有無による表面積の差やコラム内空気の流動状態，塗装色や塗装方法の差がコラム表面からの熱放散量の差を生じ，0.1 ℃単位の微妙な温度分布の不均一は容易に発生してしまう．

このため，現実的にはコストの関係から熱変形の推定や測定による精度補償技術に依存せざるをえないケースがある．

最後に熱変形対策例を **表 1** に示す．熱変形対策の基本は発熱の低減・冷却もしくは分離，温度分布の均一化，熱変形の鈍感化，そして計測もしくは予測による補正の 4 つの対策法がある．

このように熱変形対策設計法の基本は頭の中では理解できても，結果として期待したほどの改善効果が得られないといった現実に直面するケースが多い．

表1 熱変形対策例[1]

熱源		対策例	熱量	温度分布	変形	補正
内部熱源	主軸系	軸受摩擦の低減（軸受，予圧）	○			
		発熱の少ない潤滑法の採用	○			
		主軸モータ発生熱の遮断		○		
		潤滑油の温度制御		○		
		主軸系のオイルジャケット冷却		○		
		主軸の強制冷却		○		
		放熱効率の向上（冷却フィンなど）		○		
		低熱膨張材料（アンバなど）の採用			○	
		主軸熱膨張の補正				○
	送り系	ボールねじの空気・油冷却		○		
		予張力の付加（ダブルアンカ方式）			○	
		ボールねじ熱膨張の補正				○
		自動計測による変位誤差の補正				○
	構造系	熱源（油圧ユニットなど）の分離	○			
		放熱効率の向上（塗装など）		○		
		断熱材の利用		○		
		オイルシャワーによる温度制御		○		
		熱的対称構造（ダブルコラム）の採用			○	
		低熱膨張材料の採用			○	
		補助熱源による補正		○		○
		強制力による補正			○	○
		温度測定による補正				○
		自動計測による変位誤差の補正				○
	加工熱	工具・工作物の冷却		○		
		工具の熱膨張の補正				○
		切りくずの堆積防止		○		
		切削剤の温度制御		○		
外部熱源	雰囲気温度	環境温度の制御（恒温室）		○		
	放射熱	放射熱の遮断	○			
		日光の遮断	○			
	空気の流れ	空気の流れの調節		○		

実際の工作機械においては，構成要素と環境条件が複雑に影響し合い，要素相互間の熱バランスを考慮した総合的な解析と設計法が理解されていないことが，その主な原因である．

μm オーダの熱変位を対象とする工作機械においては，個々のケーススタディをベースに，解析結果と実験値との比較検証を行ないながら，解析精度を向上させていくことが肝要である．

＜参考文献＞
1）幸田盛堂：熱変形，実用精密位置決め技術事典，産業技術サービスセンター（2008），p.91
2）清水伸二，伊東正頼ほか：トコトンやさしい工作機械の本，日刊工業新聞社（2011），p.49
3）G. Spur and H. Fischer: Thermal Behaviour of Machine Tool, Proc. 10th Int. MTDR Conf. (1969), p.147.
4）西脇信彦：機械・工具・被削材系の熱の流れについて，日本機械学会誌，81巻721号（1978），p.1296.
5）幸田盛堂，門田陽宏ほか：工作機械コラムの熱剛性向上に関する研究，1989年度精密工学会秋季大会学術講演会講演論文集（1989），p.69.
6）幸田盛堂，村田悌二ほか：レーザ光の反射光点変位検出による工作機械コラムの熱変位制御，精密工学会誌，55巻9号（1989），p.1706
7）幸田盛堂，園田毅ほか：工作機械の熱変形解析（基礎地盤の影響），2000年度精密工学会関西支部定期学術講演会講演論文集（2000），p.33

6 切削加工機の基本構成と設計

1. 工作機械の基本構成

 18世紀末の英国において産業革命,それに続く米国における自動車の大量生産によって,機械加工の用途に応じた多様な工作機械が開発された.立型マシニングセンタ(ここでは,MCとする)の原型となった,手動操作の立フライス盤(ベッドタイプ)の代表例を図1に示す.このマシンは1950(昭和30)年代後半に開発され,現在も生産を続けているロングセラー機種の一つである.

 基本的な運動要素として,切削運動,送り運動と切込み運動の3運動を機械化したのが工作機械であり,図2に示すようにテーブルの左右に往復する運動(X軸)とサドルの前後に往復する運動(Y軸),そして主軸頭の上下に運動する(Z軸)の3軸による直線動作軸と,主軸の回転運動により切削加工を行なう.なお,X,Y,Z軸の送り系は,すべり案内面で構成され,台形ねじで回転運動を直線運動に変換している.

 その後に,普通旋盤やフライス盤をベースにしたNC加工機へと展開した.NC化の際に,送り駆動系の台形ねじはボールねじとなり,NC装置を付加して電気パルスモータまたは,電気油圧パルスモータで駆動する構成が採用された.

 1960(昭和35)年代の高度成長期には,NCフライス盤に自動工具交換装置を付加した無人化志向の強いMCが量産工場に普及し,工作機械の基本形態はほぼ完成の域に達したといえる.図3に1975(昭和50)年代の横型MCの外観を示す.

 このようにNC装置の進展とともに,大幅な自動化が可能となり,また多軸化,複合化,多機能化が進められた.それまでの汎用工作機械が集約され,NC化率は9割前後と自動化が大きく進んだ.現在では,工

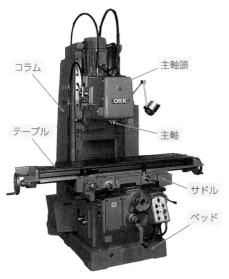

図1 ベッド形立てフライス盤(OKK)

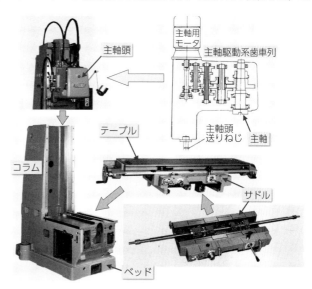

図2 立てフライス盤の基本構成(OKK)

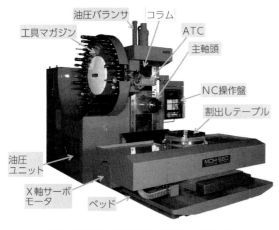

図3 横型 MC の基本構成（OKK：1982 年）

作機械の機種別受注の割合は，旋盤（NC 旋盤，複合加工機を含む）と MC で全工作機械のほぼ 7 割を占めるに至っている．

そこで，ここでは NC 工作機械の代表例として MC を基本に解説する．

NC 工作機械は，基本的に図4のような基本構成要素から成り立っている．すなわち，工作機械本体は，ベッド，コラム，主軸頭などの主要構造要素と，それらを結合する結合・案内機構，そして主要構造要素を

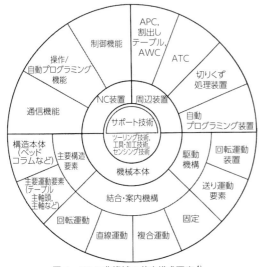

図4 NC 工作機械の基本構成要素[1]

駆動する駆動機構の 3 つの基本要素と，NC 装置で構成されている．

これら基本要素に，自動化・高能率化のための周辺装置，たとえば ATC や工具マガジン，APC，切りくず処理装置，さらには自動化・無人化のための周辺機能が付随して，加工システムとしての機能を果たしている．

2. 加工機の生産とマーケティング

多様な工作機械は，どのような意思決定のもとに，どのように生産され，顧客のもとに届けられ，生産財として活用されているのだろうか．

工作機械の生産の流れと課題を図5に示す．ユーザーと市場の要求に合致した製品を研究開発する「製品設計」，加工方法と加工機械の選定などの工程設計と工具と加工条件などを決定する作業設計からなる「生産設計」，設計部門からの情報に基づいて，材料手配，部品の加工，製品の組立・検査を行なう「製造」，そして一連の加工プロセスを総合的に管理する「生産管理」で構成されている．

新たな製品を発想し市場に出すためには，まずマーケティングを通して市場や顧客を分析し，潜在的なニーズを感知し，それに応じた製品設計を行ない，魅力ある価値を付加する，という図6に示すマーケティング戦略の基本プロセスを踏む必要がある．

マーケティング戦略の策定にあたっては，まずは自社とそれを取り巻く環境の現状分析が必要で，自社のヒト・モノ・カネの経営資源，強みと弱みの現状を的確に把握し，次に市場の成長性，消費構造の変化といった市場環境の分析，とくに市場における競合の状況，他企業の参入の可能性などについても留意する必要がある．

こうした現状分析を踏まえて，対象とする市場を決定していくことになるが，その第一段階は市場（顧客層）を細分化し，自社がターゲットとすべき市場を定義すること．第二段階では，対象とする市場における自社の位置づけ（ポジショニング）を定める．

- 経営戦略・技術戦略
  経営品質，経営戦略・中長期経営計画
  企業の社会的責任（CSR），顧客満足（CS）
  リスク管理，内部統制・財務諸表・管理会計
  ISO 9001・ISO 14001，労働安全衛生
  技術経営 MOT，人材育成，特許戦略
- 法令遵守（コンプライアンス）
  会社法，証券取引法，外国為替法，貿易管理令
  PL 法，下請法，グリーン調達，道路交通法
  労働安全衛生法，OHSMS，RoHS 指令
  消防法，騒音規制法，廃棄物処理法
  知的財産・特許法，JIS 規格，ISO 規格
- 営業力・マーケティング
  営業戦略，技術予測，顧客満足度
  販売訴求点，クレーム対応
- 開発力・設計力
  技術戦略，技術予測，設計品質
  安全設計，リスクアセスメント，環境適合設計
  法令遵守，ライフサイクル
  3次元 CAD，デジタルエンジニアリング
- 製造力・生産技術力
  製造品質，生産／工程／在庫／原価／安全管理
  品質管理，小集団活動（QC サークル・5S・改善）
  生産性向上，コストダウン，設備計画・保全
- サービス力・クレーム対応力
  顧客満足，クレーム・トラブルシューティング，設計変更

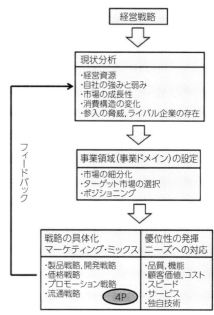

図6　マーケティング戦略の概念[3]

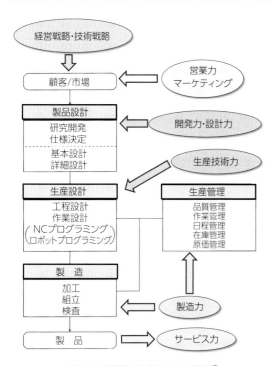

図5　工作機械の生産の流れと課題[2]

　これは当該市場において如何にして競合相手に対抗し，差別化を行なっていくかを明確にすることである．こうして自社の事業領域（事業ドメイン）が設定される．この事業領域は顧客（市場），技術，機能の3つの軸で規定される．すなわち，ターゲットとする顧客層に対し，自社の持つ技術を応用して，顧客のニーズ（求めている機能）を満足させるという活動として事業を把握し，定義するということである．その事業領域において，マーケティング戦略を製品，価格，プロモーション，流通の4Pを組み合わせたマーケティング・ミックスとして展開していくことになる[3]．
　マーケティング戦略の基本となるこの4Pとは，自社の製品やサービスを，その提供すべき市場を共通するニーズを持つ単位に分け（セグメンテーション），優先的に働きかけるターゲット市場を見つけ出し，その市場にフィットする製品戦略（Product），価格戦略（Price），販売促進戦略（Promotion），流通戦略（Placement）の手段を組合わせることである．このようにターゲット市場に働きかけるための手段を組合

わせることを，マーケティング・ミックスといい，4Pで表現される．

「つくれば売れる時代」から「つくっても売れない時代」へ，つまり良い製品をつくることに注力した「プロダクト・アウト」の過去の発想ではなく，現在では顧客のニーズを汲み取り，最適な製品を提供する「マーケット・イン」の発想が求められている．そのため，マーケット戦略において「顧客を知ること」の重要性がより一層大きくなっている．

狩野は，顧客ニーズの特徴を示す有益な図7を提示した．横軸は顧客ニーズに対する企業の達成度で，縦軸は企業の達成結果に対する顧客の満足度を表わす．

顧客にどう認識されるかという面からみると，ニーズには次の3種類がある[4]．

・当たり前の品質
・一元的品質
・魅力的な品質

「当たり前の品質」の要求は，図中の一番下の曲線で表わされる．企業がその要求に申し分なく対応したとしても，顧客はただそれを期待どおりのものとして受け止める．しかし，メーカーがそのニーズを十分満たさなければ，顧客は大きな不満を抱くことになる．自動車の例をあげると，塗装がその外観を維持するようなレベルなら，顧客はほとんど満足度を上げずそのまま受け入れるが，塗装がはげたりすると顧客は大きな不満を訴える．

ニーズの第2の種類は「一元的品質」で，図中の斜め45°の直線で表わされる．この種のニーズは，改善すればするほど顧客の満足度が上がる．自動車の例では一元的品質は燃費である．顧客としてはある平均的なkm数を期待しているが，燃費のよさに応じて顧客の満足度が高くなる．

顧客属性の第3の種類は「魅力的な品質」で，図中の一番上の曲線で表わされる．これを達成していない場合でも，顧客の不満にはならない．魅力的な品質は期待されていないので，なくても不満を引き起こすことはないが，設計上の大きな進歩は顧客を喜ばせることになる．自動車の場合，衝突防止機能は魅力的な品質となり，この機能があるために売上が大幅に増加した企業もある．これらすべての品質特性は，当然のことながらコストに関係する．

工作機械についてそれぞれの品質特性を考えてみると，工作機械の精度については「当たり前の品質」に相当し，「一元的品質」としては能率や加工時間，コストが該当する．

「魅力的品質」については差別化固有技術が該当し，各社独自の機能，たとえば対話型自動プログラミングや衝突防止機能，さらには熱変位補正機能などの周辺技術が挙げられる．

顧客満足を得るためには，顧客ニーズを明確にするとともに，工作機械メーカーが顧客に与えることができる技術シーズを把握し，顧客ニーズと技術シーズを結びつけていく作業が工作機械開発の第一歩となる．同時に競合相手との差別化を行なうことが重要で，いわゆるマーケティング分野での3C分析（図8）を活用することになる．

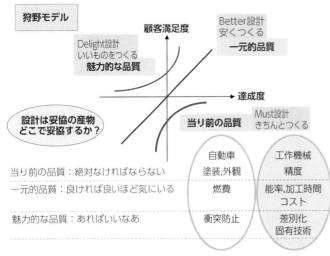

図7　3つの品質と顧客満足度（参考文献4をもとに筆者が作成）

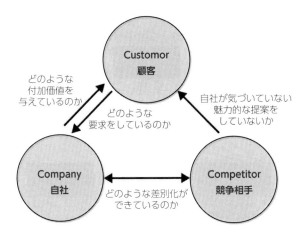

図8 マーケティングにおける3C分析[5]

ここで3Cとは，顧客，競合，自社の頭文字をとったもので，何をユーザーに強調するか，狙う顧客に対して競合相手とどのように差別化するか，いわゆるデザインポリシーを明確にすることが必要である．

工作機械のユーザーは多種多様であり，その加工内容も千差万別で，それだけに顧客が要求する機能も変わってくるのは当然である．加工する工作物も一般機械部品から量産部品，金型そしてセラミックス，グラファイトなどの特殊加工に分けられ，それらの加工に対する要求仕様は当然異なってくる．

一般的には，市場調査やこれまでの販売実績をベースに，新規に開発する機種についての標準仕様を設定し，中核となるべき汎用性の高い工作機械を開発する．多種多様なユーザー・ニーズから最大公約数的な標準仕様をまず設定し，見込み生産ができて量産効果が期待できる仕様の機種を目指すことになる．

個々の顧客ニーズに対しては，部分的な設計変更と仕様追加を想定し，顧客満足を満たすべき工夫をあらかじめ組込んで設計することになる．

一方，専用機の場合には，ユーザーの仕様に合わせた仕様を限定した機種であるため，設計目標が明確であり，設計者にとって迷いの少ない設計を行なうことができるが，量産効果が期待できないためコストは高くなる．

3. 工作機械の開発と設計力

工作機械メーカーにおいては，一般に研究開発は図9に示すように分類される．研究は基礎研究と応用研究の2つに分けられる．開発では，基礎研究・応用研究の成果と市場要求や経験から得た知識を利用して，新しい製品・装置や機能を完成させることになる．研究と開発は明確に分離できない場合もあり，研究と開発が同時に進められ，新製品の開発・設計を推進するケースもある．

日々の営業活動のなかで競争優位性を確保するためには，現有機種の日常的な改良設計が必須であり，それと並行して将来の次期開発機種のための基礎研究，応用研究そして開発設計も同時に進める必要がある．まさに「今日の飯，明日の飯」のために，「日々改良，継続的開発」が技術部門に課せられた責務となる．

設計には図9に示したように，新製品の開発を対象とした開発設計，現有製品の競争力アップのための改良設計，それにモデルチェンジを含めた代替設計に便宜的に分類できる．

このうちの開発設計を想定した場合の設計の流れを図10に示す．

工作機械生産の出発点が設計であり，設計のアウトプットである設計図がなくては，部品も工作機械も製作できない．まさに「はじめに設計ありき」である．

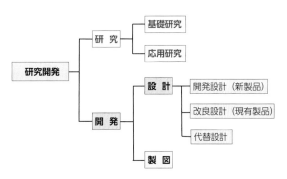

図9 研究開発の分類[2]

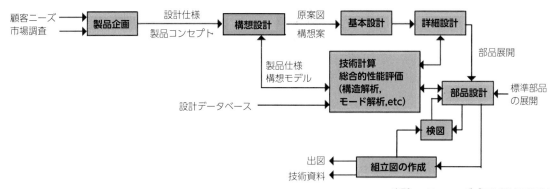

図10　工作機械の設計の流れ

「設計する」ということは,「与えられた目的とする品質を備えた製品なりシステムをつくり出すためには,新たな着想を得て新しい要素をつくり,これらを組合わせて統合する」ことである[6].すなわち,新しい価値を創造するのが設計で,入力と出力が与えられたブラックボックスの中身を自分で創造する技術である.工作機械の設計についてより具体的に表現すれば,さまざまな知識や経験を駆使して検討を行ない,ユーザーの要求する仕様に合った安全で高品質かつ適正価格の工作機械を,短期間かつ低コストで創造することであり,それらの結果を設計図と文書で表現することである.

このため設計者には,製品に求められる顧客ニーズから製品が持つ機能特性,そのメカニズムの原理・原則などを網羅し,十分に吟味した製品設計が求められることになる.

製品やシステムの品質は,設計段階で80％以上決まってしまうともいわれており,設計者は自分の設計に対して責任を負う義務がある.

一方では,設計者には「無から有を生み出している」という自負心があり,マズロー（Maslow）の価値観を用いれば,自己実現ができる立場にいて,技術者として最高の喜びに挑戦するわけで,それだけに設計が成功したときの喜びはかけがえのないものである.

設計は「積み上げの技術」であり,総合力としての設計力は次のように表わされる.

設計力 ＝ 設計資産 ＋ 設計環境
　　　　　＋ 設計部門の力量

すなわち,先輩技術者から代々受け継がれてきた過去の設計実績やノウハウ,不具合対策と改良実績などの設計資産,設計の生産性や設計効率に影響を及ぼす設計環境,そして設計者が保有している技術力とパワー,設計者としてのアグレッシブな取組み姿勢と精神力などの設計部門の力量で構成される.

設計資産を記録として残し,それらを代々引き継ぎかつ有効に活用するには,品質マネジメントシステム（ISO9000シリーズ）に定めた「設計管理規定」などの文書に従って,正確にルール通りに設計審査・設計検証・妥当性の確認,それに顧客クレームに対する是正・予防処置などを適切に実施し,技術レベルの向上を進めると同時に,技術データやノウハウを継続的に蓄積することが必須となる.

設計部門は開発・設計・製図という本来の業務のほかに,実に数多くの業務を処理している.

設計業務の生産性を引き上げるには,設計者ができるだけ設計に専念できる設計環境づくりが必要で,そのためには設計効率を上げる仕組みづくり,そして多大の時間を要しているコミュニケーションや文書処理

をOA化によって合理化すること，さらには設計者にとって居心地のよい設計空間を整備することが重要である．

具体的には，設計効率を上げるための業務の標準化やデータベースの構築，データの一元化管理と標準化，図面の最新版管理など，設計効率の向上に資する体制の整備と，設計事務の高度化さらには設計に専念できる環境・雰囲気の整備が必要となる．

設計部門の力量は，まさに設計部門の組織能力と設計者の力量に大きく依存する因子である．それだけに設計と設計管理に適した人材の確保と教育・育成が重要になる[2]．

4. 設計品質と品質ロスコスト

"Made in Japan" ブランドで代表されるように，日本のモノづくりの強さは高品質・高信頼性にある．世界一の国際競争力を誇る工作機械はその代表例である．その根底には，製品開発段階と製造段階での高品質化，すなわち設計品質と製造品質を，すぐれた技術力と現場のすぐれた技能で磨きをかけ，成熟度を高めて差別化してきた努力の結果である（前述1章図3参照）．

設計・開発段階での品質問題としては，設計変更の多発，設計・開発期間内の納期遅れ，製造工程に入ってからの設計変更の発生などがあるが，これらの品質問題は次の4つに起因していることが多い．
①ユーザーの要求が正確に設計に反映されていない
②設計に製品情報が正確に盛り込まれていない
③設計段階でのチェックが甘い
④設計変更の管理が十分でない

このため図11に示すように，顧客要求事項を満たす上での技術的リスクを明確にした「設計・開発計画書」を作成し，仕様・性能・機能・コスト・期間などの設計へのインプットと設計からのアウトプット項目を明確にする．

なお，作成された「設計・開発計画書」は，開発設

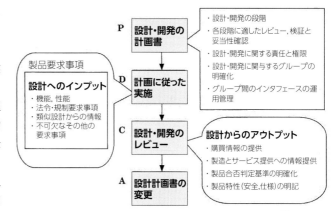

図11　設計・開発計画書の立案・作成 PDCA サイクル[7]

計の流れに従って，構想設計，基本設計，詳細設計の各段階で適宜審査を実施し，要求事項や進捗に計画書との差異が発生した場合には計画書の変更を行なう．

計画書に従った設計審査，設計検証，妥当性確認の実施は，設計・開発プロセスで最も重要な作業で，この各段階でのチェックが製品の品質を大きく左右することになる．

「設計・開発のレビュー（設計審査）」（DR：Design Review）は，「計画された段階で，設計・開発の結果から製品が要求事項を満たせるか否かの評価・判定行為」で，「検証」は「設計・開発からのアウトプットが設計・開発へのインプットを満たしているか否かを判定する行為」，「妥当性確認」は「製品が使用者にとって使いやすいか否かを評価・判定する行為」であり，それぞれ評価・判定の視点が異なることに注意が必要である．これらの関係を図12に示す．

そして，最近の製品不具合の約70％は設計部門に原因があるともいわれている．厳しいコスト削減要求や製品ライフサイクル短縮化に伴う設計時間の不足，社外への丸投げなどの要因が重なり，製品不具合の原因がモノづくりの上流工程の設計部門に集中する傾向が，より一層強くなってきている．したがって，誤差因子の影響を受けにくいロバスト設計を心掛けるとともに，設計初期の段階で品質問題の早期発見，早期解

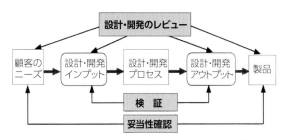

図12 設計審査・設計検証・妥当性確認の関係[7]

ISO9001品質マネジメントシステムを活用してクレームや不良をなくすことが，コスト低減の一番の近道である．このように設計品質，製造品質が製品の品質やコストに大きく影響することになる．なかでも一番上流工程にある設計品質が最も重要である．

最後に設計・製造品質の向上策を表1 に示しておく．工作機械の設計品質・製造品質の向上には人の教育と育成，先人の知恵を生かすこと，そしてそのための組織づくりが重要となる．

決を進めることが重要となる．

ユーザーの製品，サービスの品質に対する要求レベルは一段と高くなり，企業にとってはクレームなどのロスコストが収益に大きく影響を及ぼす状況となっている．単に金銭的損失だけでなく，企業の存続にも影響する死活問題になりうるケースも数多くみられる．

品質ロスコストには，クレーム費，設計変更補償費，設計変更管理費，工程内仕損費などの実際にかかったコストが直接金額として出てくる顕在部分と，クレーム対策や緊急対応のために二度手間になって発生する費用，営業・サービスでの費用など，数字として表に出てこない潜在部分がある．

実際には図13 に示すように，数字として出てこない潜在部分の手間とコストはさらに莫大なものとなる．クレームや製造工程内で不良品が発生した場合のコスト面への影響は，当該製品の廃棄に伴う費用は表面的なものであり，その製品をつくるために費やした，労務費から光熱費，さらにはその処理のための労務費や輸送費，通信費などを合算するとその数倍から何十倍ものむだなコストを発生させていることになる．

ちなみに顕在部分のクレーム費用が100万円とすると，この利益を稼ぎ出すためには利益率を5％として，2000万円もの売上が必要となる．製造業の売上高経常利益率水準とこの売上高クレーム比率（顕在部分）から，潜在部分を含めた全体の損失を推定すると，いかに品質ロスコストが大きなウェイトを占めているかがわかると同時に，品質の向上は利益の増加と同時に環境対策にも貢献していることになる．

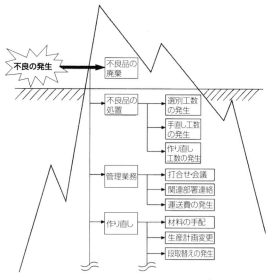

図13 不良発生のコストへの影響[8]

表1 設計・製造品質の向上策[9]

(1) 工場で現場的，経験的に行なっている評価をできるかぎり定量的評価とし，従来の定性的評価に追加していく．
(2) 過去の実績から設計の経験則を蓄積する．
(3) 工場での製造時のトラブルや，ユーザでの使用時のクレームをフィードバックし，その品質情報を蓄積し利用する．
(4) 社内の固有技術，技能のレベルを技術項目ごとに定量化し，それを活用する．
(5) 技術，技能資料蓄積のためのシステムをつくり，その資料が利用されやすい運営の方法をつくる．
(6) 社内の工程能力を定量化しておき，つねに見直しを行なう．
(7) 新しい技術を取り入れやすい柔軟な体質を組織につくっておく．
(8) つねに設計技術者の能力向上を進める．

＜参考文献＞
1）日本工作機械工業会編：工作機械の設計学（基礎編），日本工作機械工業会（1998）
2）幸田盛堂：開発設計力と設計品質の向上対策，2012年度工作機械加工技術研究会（2012-5），大阪府工業協会
3）商工総合研究所：中小製造業のマーケティング戦略，平成17年度調査研究事業報告書（2006）
4）ドン・クロージング（富士ゼロックスTQD研究会訳）：TQD（Total Quality Development），日経BP社（1996）
5）横田川昌浩，岡野徹ほか：トコトンやさしい機械設計の本，日刊工業新聞社（2013）
6）岸本行雄：設計の方法，日科技連出版社（1992）
7）石川茂：設計・開発段階での品質問題を減らしたい，標準化と品質管理，58巻11号（2005），p.29
8）丸山昇：コスト低減を実現したい，標準化と品質管理，58巻11号（2005），p.24
9）守友貞雄：工作機械の設計品質と製造品質，精密機械，44巻10号（1978），p.1200

7 主軸系の基本設計と性能評価

1. 主軸系構造の変遷

　工作機械の主軸系は，主軸とそれを支持する主軸軸受，主軸を駆動するモータと，その動力を伝達する駆動機構で構成され，主軸頭（主軸ヘッド）に内蔵されている．

　主軸は工具や工作物を取付けて回転し，加工精度や加工能率に直接影響を及ぼすことから，工作機械のなかで最も重要なユニットの一つで，なかでも工作機械の性能を左右する主軸を支えている軸受は，イギリスにおける産業革命以来，ニーズに対応してさまざまな改良が行なわれてきた．まさに軸受の発展とともに工作機械の主軸性能が向上してきた．

　イギリスの産業革命以降の工作機械の変遷を注視しても，当時の技術者がいかに主軸の剛性と潤滑に悩まされたかが，垣間見ることができる．明治日本の産業革命から太平洋戦争後まで，工作機械の主軸軸受は，軟質金属でできたすべり軸受（動圧軸受）が主流で，潤滑はオイルカップからの滴下潤滑であった．戦後の1955（昭和30）年代の高度成長期に入り，外国との技術提携により各種工作機械が国産化され，同時に主軸軸受も高速高精度化の要求により大きく進展した．

　主軸軸受としては表1に示すように種々の形式があり，工作機械の要求仕様に合わせて選択されているが，一般的な旋盤やマシニングセンタ（ここではMCとする）などの工作機械のほとんどがころがり軸受を採用している．

　本項では，戦後の日本の工作機械の発展に従い，高速化・高精度化を指向した主軸構造の変遷の過程を追ってみる．

　1955（昭和30）年代にRAMO社（仏）との技術提携により生産された普通旋盤の主軸系の構造と主軸を

表1　各種軸受の特徴比較[1]

	ころがり軸受	油潤滑		気体潤滑		磁気軸受
		動圧軸受	静圧軸受	動圧軸受	静圧軸受	
運動精度	○	○	◎	○	◎	○
負荷容量	◎	◎	◎	×	○	×
静剛性	◎	◎	◎	×	○	×
減衰性	×	◎	◎	△	△	△
高速回転	△	×	△	○	○	◎
温度上昇	○	×	△	◎	◎	◎
保守性	◎	○	○	◎	◎	○
寿命	△	△	○	△	○	○
コスト	◎	○	×	△	×	×

◎：とくに優れる　○：優れる　△：普通　×：劣る

図1（a）（b）に示す．

　最高主軸回転数は1600 min^{-1}で，ベッド内の主軸速度変換歯車箱で9段，主軸台で2段の計18段変速で，強制油潤滑が採用されている．

　主軸の前部軸受は，つば付き円すいころ軸受を背面合わせで組み込まれ，予圧調整用丸ナットで軸受予圧の調整ができる構造となっている．後部軸受には主軸の熱膨張による伸びに対応するため複列円筒ころ軸受が使用されている．この方式では円すいころ軸受が，ラジアル荷重とスラスト荷重を同時に負荷することができ，剛性も高く，取付けまわりの構造が簡単であることと，予圧の調整が容易であるなどの利点があり，主軸用に使用されることが多い．

　なお，回転伝達用の主軸プーリは，モータの振動やVベルトの張力が主軸に影響しないように，主軸とは分離された2個のころがり軸受で支持されている．

　円すいころ軸受は，ころ頭部と内輪の大つば面で接触するので，摩擦係数が大きく，高速回転において発熱が高くなり，焼付きの危険性が高くなる．このため，初期予圧の与え方とその管理が重要となる．

　主軸の高速化の要求に対し，主軸端部にラジアル剛

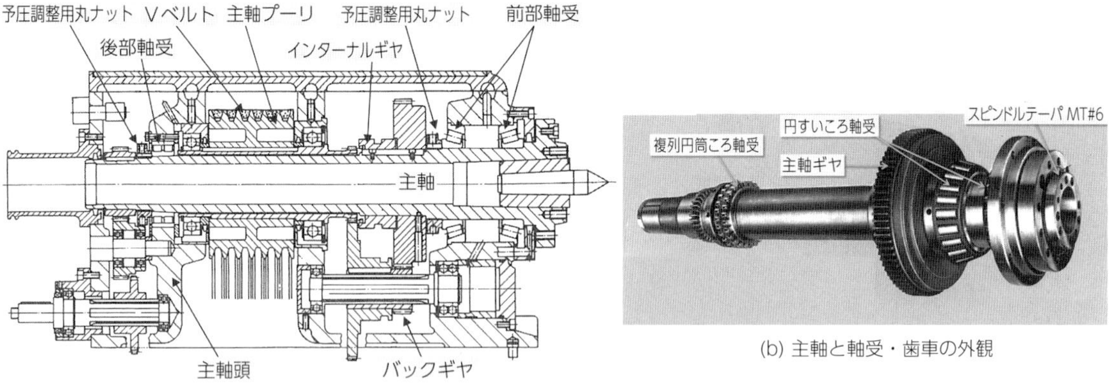

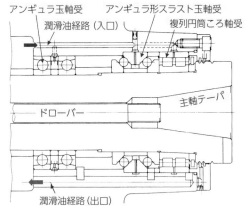

(b) 主軸と軸受・歯車の外観

図1 旋盤の主軸構造 (OKK-RAMO 旋盤, 1962年)

性の高い複列円筒ころ軸受と，その直後にスラスト荷重を受けるアンギュラ形スラスト玉軸受とを組合せ，その少し後に1組のアンギュラ玉軸受を配置した構造のものを図2に示す．

最前部にある複列円筒ころ軸受の内輪は，テーパになっており，ころと内輪，外輪のすきまあるいは締め代を μm 単位で調整できる．この方式は NN TAC 方式と呼ばれ，高力高速形のフライス盤主軸と MC 主軸に使用されることが多い．

潤滑は強制潤滑を採用しており，冷却された油はすべての軸受の中央から流し込まれ，それぞれの軸受内を両側に分かれて流れ，再び循環冷却機のタンクへと流れる．

現在，最も多く採用されている主軸構造は，アンギュラ玉軸受4列の背面合わせ (DBB) 構造で，立型 MC の歯車駆動の主軸系の構造を図3に示す．

主軸径は $\phi 100mm$ で BT50 テーパ，主軸軸受はグリース潤滑とし，歯車列の③〜⑩の切換えで最高主軸速度は $4000min^{-1}$ とし，主軸の発熱対策としてオイルジャケット冷却を採用している．

さらなる主軸の高速化対応として，多様な対策が講じられてきた．図4は図3の歯車駆動の主軸系に対し，歯車をなくし主軸と駆動モータを直結した構造で，アルミ量産部品の加工を対象とした立形 MC の主軸構

図2 横フライス盤の主軸構造[2]

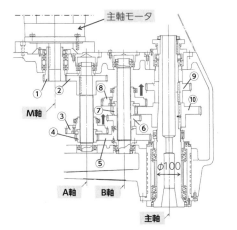

図3 立型 MC の主軸構造 (OKK)

造で，諸元を表2に示す．鋼製のアンギュラ玉軸受を DBB 配置とし，グリース潤滑で $d_m n$ 値（軸受の P.C.D ×回転速度）77.5万となっている．

図5は図4と同じ主軸軸受を使用し，主軸駆動モータで主軸をベルト駆動する構造で，オイルエア潤滑で最高主軸速度1.2万 min^{-1} である．

オイルエア潤滑方式は，潤滑に必要な最少油量を粒状のままでエアにて潤滑点まで運搬するもので，常に新しい潤滑剤が供給されるため，回転中に生じる摩耗微粉の排出，潤滑機能の安定化が図れ，エア噴射流による熱量除去の効果も期待できる．風量 30Nl／min，噴出圧 0.2～0.3MPa，ドライでクリーンなエアソースと定期的な点検が必要である．

図6はビルトインモータを採用したモータライズド主軸で，現在では高速主軸として主流となっている．

転動体としてセラミックス球を用いたアンギュラ玉軸受を使用し，主軸とモータを一体化した，いわゆるビルトイン形式の構造である．

ビルトインモータ主軸の特徴として，
①主軸頭が全体的にコンパクトで軽量になる
②主軸系の構造がシンプルで，振動騒音抑制に有利
③主軸系の慣性が小さく，起動停止応答が向上
反面，モータ部の発熱による伝熱遮断が構造上難しく，効果的な冷却方法の開発が課題となる．

主軸の高速化にともない，設計自由度の大きいビルトインモータ主軸が一般的になり，設計の柔軟性とともに，C軸制御や割出し機能を用いた複合加工機主軸として有効である．

参考までに，TAC NN 方式の主軸構造の断面構造，そしてアンギュラ玉軸受 DBB 背面合わせのビルトイ

表2　高速主軸の諸元（OKK：1990年代）[3]

主軸テーパ	主軸速度 min^{-1}	モータ出力 kW	主軸径 mm	軸受	$d_m n$ 値 $\times 10^4$	潤滑方式	駆動方式	機種	図
♯40	300～10,000	5.5/7.5	φ65	アンギュラ玉軸受	77.5	グリース	モータ直結	立・横	図4
♯40	300～12,000	5.5/7.5	φ65	アンギュラ玉軸受	93	オイルエア	ベルト伝動	立	図5
♯40	1,000～20,000	5.5/7.5	φ65	セラミック球	155	オイルエア	モータ内蔵	立	図6
♯50	30～6,000	7.5/11	φ85	アンギュラ玉軸受	64.5	グリース	ギヤ伝動	立・横	
♯50	20～15,000	11/18.5	φ100	セラミック球	187.5	オイルエア	直結ギヤ	横	

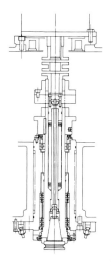

図4　主軸モータ直結主軸[3]

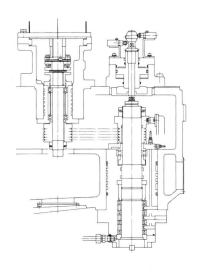

図5　ベルト駆動主軸[3]

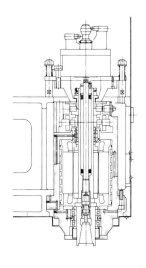

図6　ビルトインモータ主軸[3]

(a) TAC NN方式の主軸

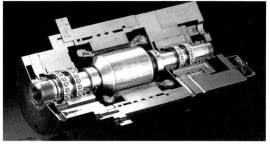
(b) ビルトインモータ主軸

写真7 主軸構造の断面図（NTN）

ンモータ主軸の断面構造を**写真7**（a）（b）に示しておく.

2. 主軸の高速化と軸受・潤滑技術

主軸の高速化ニーズには,
① 工具の高性能化によるアルミなど非鉄金属の高能率加工
② 金型加工における高速ミーリング加工
③ 機械の小型化, メカトロ化による電子部品や機械部品のマイクロ化にともない, 小径工具の加工条件を最適化するため
④ セラミックス等の硬脆材料に対し, MCによる研削加工が必要となり, そのため主軸の高速化を進める必要性が出てきたこと

の4つの要因がある.

図8は, 主軸の高速化の変遷を示したもので, 主軸軸受の$d_m n$値は年代が進むとともに, 切削ニーズに対応して飛躍的に増加してきている. 高速化進展のキーとなる技術としては, セラミック球など軸受（転動体・内輪・保持器）への新材料の適用や, グリース潤滑・オイルエア潤滑などの潤滑方法の改良, 設計手法や解析技術の高度化が挙げられる.

ユーザーの強いニーズのほか, 極微少油量の潤滑法いわゆるオイルエア潤滑, さらには従来の軸受クロム鋼に代わってより熱的活性の低いセラミックス球を用いたセラミックス軸受の実用化といった技術的なbreak throughにより, 主軸の高速化に大きな拍車がかけられるに至った.

いまや工作機械主軸の回転数はdn値（d：軸受内径mm, n：回転数min^{-1}）で100万以上の高速主軸が技術的にも定着しており, そのなかでどれだけの差別化を行なうかが工作機械メーカの重要な課題となっている.

日本国際工作機械見本市（JIMTOF）に出展された高速主軸（1万min^{-1}以上）の出展状況の調査結果を**図9**に示す. 主軸の高速化には主軸の性能向上, より端的には主軸支持軸受の高速回転・寿命・発熱・振動等の性能に大きく左右される.

また主軸の高速化と工作機械の基本である剛性とは, トレードオフの関係にあり, 加工ワークにあった仕様を適切に選択することが重要である. JIMTOF 2010でも, ここ数年, 高速化の進展は足踏み状態であり, かつ最高回転数は1.2万min^{-1}前後〜2万min^{-1}前後に集約されている[4].

図10は1980年代の高速主軸の回転数と主軸径との関係を示したもので, 図中の実線はdn値150万の値を示したもので, 当時の最先端に位置しているのがわかる. これら高速主軸の構成は, そのほとんどが高速回転に適したアンギュラ玉軸受の背面合わせ（Back to Back）の組み合わせで, dn値80万（図中の破線）以下ではコスト, 保守上の観点からグリース潤滑が, 80万以上ではオイルエア潤滑が主流となっている. 現在ではさらに技術的な改良を行なった結果, 高速主軸のdn値は高速域にシフトしている.

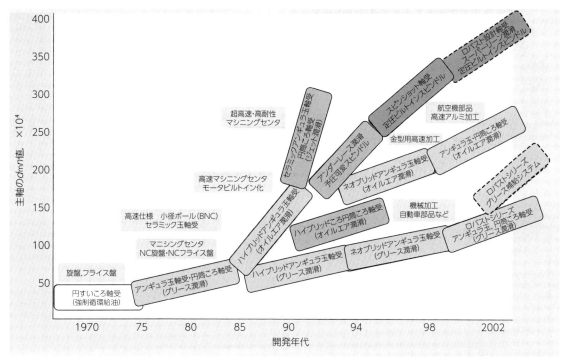

図8 工作機械主軸の高速化の変遷（日本精工）

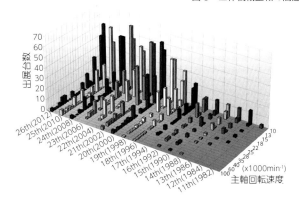

図9 高速主軸の出展状況（日本精工）

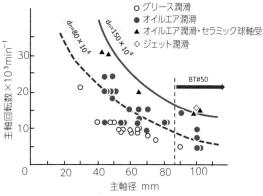

図10 高速主軸の実用例（参考文献5の図に加筆）

図10に示したように，主軸の高速化には軸受とともに**表3**に示した潤滑法の選択が重要となってくる．これまでの主軸高速化の推移のなかで，最大のエポックはオイルエア潤滑の実用化である．

トライボロジ分野における知見から，相対する2面間の潤滑に必要な最少油膜厚さは表面粗さと同程度であって，いわゆる混合潤滑領域での油量が確実に金属接触部に供給されていることが重要となる．しかも油量が多くなるとそれだけ発熱量が増加することが明らかにされている．

図11は軸受への潤滑油量，摩擦損失，潤滑油による冷却と軸受の温度上昇との関係を示したものであ

表3 潤滑法の特性比較（NTN）

潤滑方法	取扱い	信頼性	温度上昇	シール構造	動力損失	環境影響	コスト
グリース潤滑	◎	○	△	△	○	◎	◎
オイルミスト潤滑	○	△	○	△	○	△	△
オイルエア潤滑	○	○	○	△	○	○	△
ジェット潤滑	△	◎	◎	×	×	×	×
アンダレース潤滑	△	◎	◎	×	×	×	×

◎：特に有利　○：有利　△：やや有利　×：不利

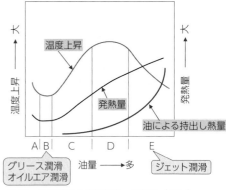

図11 潤滑油量と摩擦損失・発熱量（NTN）

表4 オイルエア潤滑の利点

①極少量の油を正確に給油できる．
②軸受ごとにエアオイル量を調整できる．
③潤滑油の粘度，極圧添加剤による制限を受けない．
④ミストによる環境汚染が少ない．
⑤油の消費量が少ない．
⑥エアの内圧で軸受への切削油などの侵入を防ぐことができる．

る．C，D領域が一般の潤滑法に相当し，完全な油膜が形成されており，C領域では発熱と冷却が平衡した状態，D領域では温度上昇が，油量に無関係な状態を示す．

高速主軸では温度上昇の少ないB，E領域が採用される．E領域は油量の持ち出す熱量が発熱量以上に大きく，それだけ冷却効果が顕著な領域で，ジェット潤滑がこれに相当する．この方法では流体摩擦抵抗が大きいため主軸駆動の無負荷動力が増大し，しかも油圧装置や回収機構などが必要となり，一般のMC高速主軸に適しているとは，いいがたい．

完全な油膜が形成され，しかも摩擦損失が極小となり軸受温度上昇が低いB領域が，グリース，オイルミスト，オイルエア潤滑に該当する．

これよりさらに油量の少ないA領域では，転動体と軌道面に十分な潤滑油膜の形成が困難となり軸受の摩耗，焼付きにいたる．

オイルエア潤滑は，図12に示すように極微少量（0.01mℓ程度）の油を定量ポンプにより間欠的に吐出させ，軸受部へ液状のまま連続的に供給する方法である．このように，極微少油量のコントロールが可能となったため，図11の温度上昇の極小位置により近づけることが可能となり，表4に示す多くの利点を有している．

軸受構造についても，様々な取組みがなされてきた．従来のオイルエア潤滑では，図13（a）に示すように，内輪と外輪の隙間からオイルエアを供給しており，高

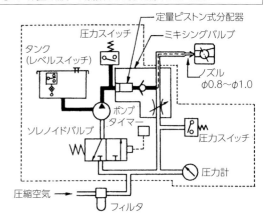

図12 オイルエア潤滑装置の構成（日本精工）

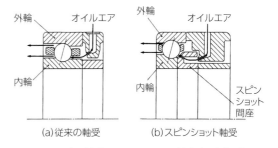

図13 従来の軸受とスピンショット軸受（日本精工）

速回転時にはエアカーテンが形成され，潤滑油が確実にボール表面に到達しない欠点があったのに対し，回転主軸と同期したスピンショット間座の穴から軸受内部に供給するため，効率的な潤滑が可能となった．現在，さらなる高性能化を目指して新タイプや外輪給油タイプなどが開発されている．

3. 主軸系の要求仕様と技術課題

主軸系は，工作機械のなかで最も重要なユニットである．そのため主軸のほか，主軸を支持している軸受，主軸モータ，主軸頭などの設計の如何によって，工作機械としての仕様と性能が規定されることになる．

従来からの高速・高精度化や高剛性化などの要求のほか，耐久性や信頼性の向上，さらには環境対応・省エネルギ，メインテナンスフリーのためのグリース潤滑の高性能化が要求されている．また，知能化のためのセンサを応用したインテリジェント化・スマート化の要求が高まっている（図 14）．

図 15 は，主軸系設計に必要な技術について，とくに高速化・高精度化に関して考慮すべき事項についてまとめたもので，高速主軸の回転性能の評価項目と設計仕様との関係が示されている．MC 高速主軸に要求される軸受としては，①高速回転にて発熱が少ないこと，②高剛性であること，③振動・騒音が少なく高精度回転が可能であること，④いずれの回転数においても適正予圧が保持されること，などが要求される．

MC 主軸設計の立場からは，主軸径と軸受配置，潤滑法，適正予圧の選択，さらには主軸頭を含めたオイルジャケット冷却法などの発熱対策が重要な課題となる．

とりわけ，適正予圧に保持するための発熱対策がそのキーポイントとなる．発熱により主軸，軸受，ハウジング間に温度差を生じ，それが軸受すきまの変化，すなわち予圧の変化となってあらわれ，主軸動特性の変化ひいては過大予圧による軸受の焼付きといった致命的な損傷に至る．軸受のころがり接触部が高温になれば，潤滑油の粘度が低下し，潤滑油膜の形成が困難

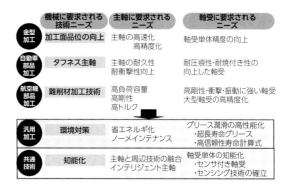

図 14 工作機械に要求される技術と軸受[4]

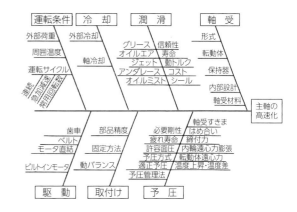

図 15 主軸の高速化・高精度化に必要な技術[1]

になり軸受寿命が極端に低下するといった具合である．

4. 主軸系の剛性

主軸の高剛性化のためには，主軸をできる限り太く短くするとともに，主軸受の選定とその適切な配置が重要となる．

図 16 は，主軸に切削抵抗 F が負荷されたときの変形モードを示している．この時の荷重点の変位 Y は，図 (a) のような 2 点で単純支持された弾性はりの変位 Y_s と，図 (b) のようなばね支持された剛体はりの変位 Y_b が合成され，図 (c) のようになるものと考えることができる．これらの主軸端での変位と軸受位置

a との関係は，図17のように表すことができ，軸受支持位置には最適値があることがわかる．この最適値を示す a は 3～5 の範囲にあるといわれている．

また，軸受の影響を示す Y_b の第1項と第2項を比較すると，第1項は第2項の $(α+1)^2$ 倍になっており，主軸系の剛性を高めるためには，前側主軸受の剛性 k_1 を高くすることが有効であることがわかる[6]．

このように主軸系の剛性は，主軸径と軸受の影響を大きく受けることになり，静剛性のほか動剛性，さらには主軸系まわりの加工精度の確保を考慮すれば，主軸径を太く，軸受間隔をできるだけ短くするのが望ましく，各メーカーそれぞれの経験と実績をもとに主軸構造を決定している．

5. 主軸の回転精度

主軸の回転精度としては，半径方向の振れ（ラジアル振れ），円周方向の振れ（回転むら），軸方向の振れ（アキシャル振れ）があり，いずれも工作物の表面・形状精度に大きな影響を及ぼすことになる．

主軸の回転精度は，主軸外径のラジアル振れで 0.01mm，主軸端面のアキシャル振れ 0.01mm の許容値が JIS に規定されているが，これらの数値は主軸自体の形状誤差，軸受ハウジングの製作誤差，軸受誤差，組立時の取付け誤差などが集積されたもので，主軸の回転精度を評価し解析するうえで必ずしも十分なものではない．

そこで，より詳細な主軸の回転挙動を把握するために図18に示す概念図が提示されている．これは主軸中心の回転挙動を模式的に示したもので，3種の基本的な回転誤差，すなわちアンギュラモーション（angular motion），アキシャルモーション（axial motion）と純ラジアルモーション（pure radial motion）とに分類される．さらに二次的な誤差としてアキシャル，アンギュラモーションが組合されて生じるフェースモーション（face motion），および純ラジアルモーションとアンギュラモーションとが組合されて生じるラジアルモーションがある．

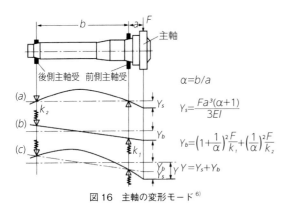

図16 主軸の変形モード[6]

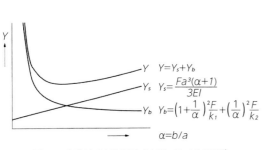

図17 主軸軸受支持位置が変形に及ぼす影響[6]

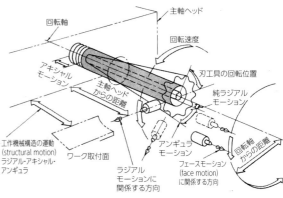

図18 主軸の回転精度[7]

図19に軸受誤差による主軸中心の動きを示す.

(a)は軸受内輪に誤差のある場合で,主軸中心に対して偏心があり,その結果回転と同周期の誤差を生じる.

(b)は外輪軌道面に誤差のある場合で,主軸が1回転する間に外輪軌道の凹凸がその数に応じた周期信号となる.

(c)は軸受転動体寸法に相互差のある場合で,転動体の公転周期と同周期の誤差信号が得られる.この誤差信号の周期は回転周期より長く,一般に6〜7倍程度である.

(d)は軸受すきまがあり軸心の移動が考えられる場合で,誤差信号は回転と同周期となる.

実際にはこれらの誤差が重なり合ったものが純ラジアルモーションであり,これに主軸前部軸受と後部軸受との相対誤差によるアンギュラモーションが集積されたものがラジアルモーションとして測定されることになる.

これらの軸受精度を十分に発揮するには,軸受とはめ合わされる主軸およびハウジングの寸法・形状精度,軸受の配置に細心の注意が必要である.一般に内輪は主軸に対してしまりばめ,もしくは焼ばめで取付けられるのに対し,外輪は組立調整を容易にするため幾分ゆるく取付けられることが多い.

このような使用条件下では負荷を受けたときに外輪が変形しやすく,しかも直径と肉厚

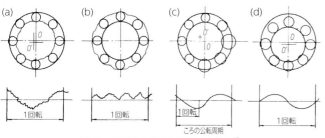

図19 軸受誤差によるラジアル振れ [7]

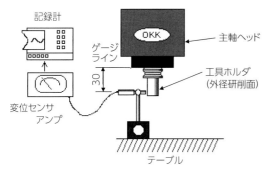

(a) 主軸回転精度の測定

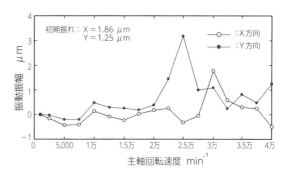

(b) 主軸回転速度による振動振幅

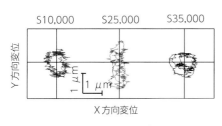

(c) 主軸のリサージュ波形

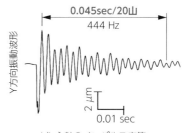

(d) 主軸のインパルス応答

図20 微細金型加工機の主軸振動 [8]

の比からいって内輪よりも変形を生じやすく，その変形状態はハウジングの形状精度にならうことになる．またハウジング内面の表面粗さが大きい場合には，軸受の取付けによりはめ合い面の凹凸がつぶされ，その結果有効しめしろの減少を招き所定のしめしろが得られないことがある．

それだけにハウジングの加工精度が重要となり，軸受と同程度の精度が要求される．事実，ハウジングおよび主軸の精度が軸受の精度を上回るときに，最良の結果が得られるという実験結果も示されている[7]．次に試作機の設計検証などで使用する実用的な測定法と測定結果を紹介する．

図20は微細金型加工機（後述**7.1節図8**参照）の高速主軸の測定例である[8]．図(a)に示すように，主軸にHSK-E32・2面拘束工具ホルダを取付け，工具ホルダ・テーブル間の相対変位（振動振幅）をXYの2方向から非接触変位計で同時測定した．

図(b)は，X，Y方向の振動振幅で，その測定値には工具ホルダ自体の形状誤差も含まれるため，準静的な回転振れ精度の初期値を0とした．

図(b)の結果から，2.5万 min^{-1}（約440Hz）付近で3μm程度のピーク値がみられ，図(c)のリサージュ波形でもその様子が明らかである．これは図(d)の主軸系のインパルス応答からわかるように，主軸の固有振動の影響によるものである．

なお，図(c)のリサージュ波形において，ころがり軸受特有の1回転内に微小な振れがみられるのは，図19に示した軸受誤差に起因するもので，静圧空気軸受で支持された主軸では良好な繰返し性を示し，リサージュ波形はほぼ同じ軌跡をたどる．

このほか，高速主軸においては不釣合い質量による振動が回転数の2乗に比例して発生するため，主軸および工具の静・動バランス調整が必要となる．

6. 主軸系の熱変位とその対策

主軸系の最大の熱源は軸受摩擦であり，またビルトインモータ主軸の場合にはモータが大きな発熱源となる．そして歯車駆動の場合には潤滑油による撹拌抵抗や油滴の飛散・衝突による発熱などがある．これらの発熱量が主軸頭の各部の温度上昇となり，外気および潤滑油による冷却などによって，発熱と放熱が平衡した時点で軸受が一定温度となる（前述**3.3節**参照）．

軸受摩擦は回転に対する抵抗であり，軸受がまさに回転を始めるときの摩擦である起動摩擦と，一定速度で回転しているときの摩擦である動摩擦に区別される．起動摩擦は，軸受と潤滑剤が決まると荷重のみに関係するのに対し，動摩擦は荷重（荷重項）のほかに回転速度（速度項）に関係し，潤滑方法にも左右される．グリース潤滑や油量の少ない滴下給油では，動摩擦は起動摩擦と同程度かやや低目で，油量の多い油浴や強制潤滑では動摩擦の方が大きくなる[9]．

主軸が回転すると，軸受摩擦による発熱が生じ，軸受および主軸などの温度が上昇することになる．このとき予圧・荷重が大きいほど，また回転速度が大きいほど軸受摩擦も大きくなり，しかも各部の温度上昇も高くなる．その結果，主軸は温度上昇に伴い単純熱膨張し，主軸に伸び（Z軸方向の熱変位）を生じることになる．

高速軸受においては，遠心力によって主軸が半径方向に膨張するとともに軸方向に縮小し，結果として予圧が過大となる[10]．このため定位置予圧に替えて定圧予圧の採用，もしくは回転速度に応じて予圧を多段階に切り換える予圧調整機構[11]を採用するケースもある．

いずれにしても，主軸系は最大の発熱源であるため，発熱低減対策として軸受摩擦の小さい軸受の採用，速度項に関連する潤滑剤粘度の改善，そしてより効率的な冷却法の採用が必要となってくる．

図21は，1980年代の旋盤20機種（潤滑油の冷却せず）について，最高回転数で150分連続回転したときの主軸前部ハウジングの温度上昇をまとめたものである．$d_m n$値1万当りの温度上昇は，概ね円すいころ軸受（強制潤滑，潤滑油粘度34.2cSt）では1.5℃，円筒ころ軸受（グリース潤滑）では0.6℃であり，円す

いころ軸受の温度上昇が大きいことがわかる．

円すいころ軸受の温度上昇に及ぼす潤滑油粘度の影響を，11.2～63.6cSt まで，14 種類の潤滑油を使って調べた結果を図 22 に示す．潤滑油粘度 μ と温度上昇の関係は次式

$$\Delta T = 12.7\mu^{0.3} \quad (1)$$

で表される．この式から，潤滑油粘度を 1/10 にすれば温度上昇は 1/2 になる．

図 21 中のⒶは，円すいころ軸受構造をもつ小型 NC 旋盤において，10cSt の低粘度油で強制潤滑したときの結果で，温度上昇は $d_m n$ 値 1 万当り 1.1℃ と小さくなっているのがわかる．

主軸系の冷却法はこれまでの図で示した通り，主軸頭のジャケット冷却が一般的であるが，回転する主軸そのものを冷却する軸心冷却が実用化されている．図 23 に示すように，外筒部を冷却するジャケット冷却に加えて，主軸後端部からロータリジョイントを介して冷却油を主軸内に還流させて冷却する構造となっている．

同様の考え方で，前側軸受周辺のみを効率的に冷却した主軸について，軸冷却の効果を確認した結果を図 24 に示す．主軸端の Z 軸方向熱変位について，軸冷却のない場合（100%）に比べて熱変位がほぼ半減し，しかも熱的に定常状態となる整定時間は約 1/3.5 と短くなっている[13]．軸冷却での同様の結果は，後述の主軸（図 25）においても軸冷却した場合に熱変位が半減し，整定時間が約 1/5 になることが確認されている．

図 25 は，最高回転速度 4 万 min^{-1} 高周波スピンドル主軸端の変位センサで主軸の軸方向変位 Δz を検出し，送り軸の位置補正を行なうもので，主軸の熱変位 Δth のみならず，高速回転に伴う軸受接触角の変化による軸移動 Δdy をも検出し補正することができる．

このほか，主軸系の発熱が主軸頭に及ぼす影響についても留意する必要がある．

横形 MC においては，主軸頭（主軸ノーズ）が軸対称構造であるため，主軸の熱変形は単純な熱膨張で，

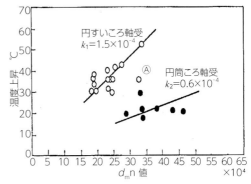

図 21　旋盤主軸の温度上昇[12]

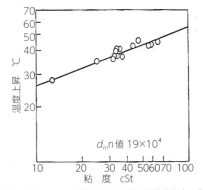

図 22　円すいころ軸受の温度上昇に及ぼす潤滑油粘度の影響[12]

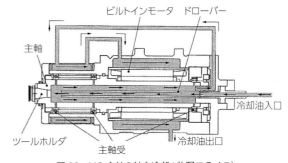

図 23　MC 主軸の軸心冷却（牧野フライス）

熱変位誤差としては Z 軸方向の伸びとなり，計測補正技術により補正が可能であるが，一次遅れの熱的特性に配慮が必要である．

一方，立型 MC では主軸系の熱変位が主軸頭側面の温度分布に大きく影響されるため，主軸軸線の傾きが加工精度に直接影響することになる．

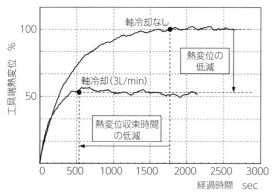

図24 MC主軸の軸冷却効果（オークマ）[13]

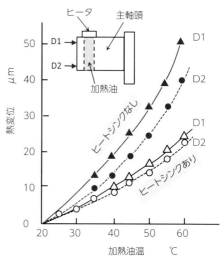

図27 立型MC側壁冷却の効果[14]

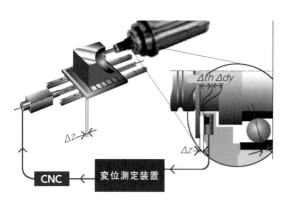

図25 主軸の熱変位補正（Fischer）

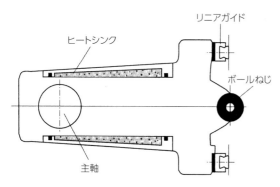

図26 立型MC主軸頭の側壁冷却（OKK）[14]

そこでこの対策として，図26のように，主軸頭側面にヒートシンクを付加した側壁冷却法が実用化されている．構成はきわめて簡単で，主軸頭両側面のヒートシンクタンクに一定温度の冷却油を常時循環させることにより側面の温度分布の均一化が可能で，ヒートシンクのない場合に比べ，熱変位および主軸の倒れが半減することがモデル実験で確認された（図27）．

以上のように，主軸系の熱変位対策としては，
　①発熱量を減らす
　②発熱を効率的に除く，強制的に冷却する
　③熱変位が精度に影響しない熱的鈍感設計
　④熱変位補正
　⑤自動計測による熱変位補正

などの方法があり，いずれにしても熱変形についての基礎的理解と実測データを十分把握したうえで，FEM解析などを有効に活用することにより，確実な熱変形対策が可能となる．

＜参考文献＞
1）日本工作機械工業会編：工作機械の設計学（基礎編），日本工作機械工業会（1998），p.93
2）森貞幸：主軸系の構造と性能，フライス盤マニュアル構造・精度編，大河出版（1976），p.24
3）西村真禎：マシニングセンタにおける高速化／機械構造と要素，機

械と工具，1988-7，p.24
4) 中村晋哉：工作機械主軸の技術開発と今後の課題，Journal of SME Japan, Vol. 1 Nov. 2012, p.45
5) 角田和雄：超高速転がり軸受，精密工学会誌, 53巻7号 (1987), p.1005
6) 清水伸二：新版初歩から学ぶ工作機械，大河出版 (2011)，p.137
7) 幸田盛堂：主軸の動的性能と回転精度，フライス盤マニュアル構造・精度編，大河出版 (1976)，p.86
8) 幸田盛堂, 椙尾茂樹ほか：微細金型加工機 VD300 の開発，2005年度精密工学会秋季大会講演論文集 (2005), p.7
9) 沢本毅：ころがり軸受工学 (10) ころがり軸受の摩擦と温度上昇，機械の研究, 22巻8号, p.1165
10) 長島一男, 上田俊弘ほか：熱と遠心力により生ずる工作機械主軸の変位とその補償方法，日本機械学会論文集(C編), 65巻636号(1999)，p.3438
11) 藤井健次, 清水茂夫ほか：工作機械用転がり軸受の予圧調整技術，精密工学会誌, 67巻3号 (2001)，p.418
12) 兼松弘行, 梶野章二：工作機械用軸受の問題点，機械の研究, 34巻1号 (1982), p.166
13) 森田章一, 下村亮一ほか：高精度／高剛性を実現低コストで高効率冷却機能を備えた主軸の開発，精密工学会誌, 79巻2号 (2013), p.124
14) 幸田盛堂：熱変形を考慮した工作機械の熱対策設計，機械設計, 45巻5号 (2001), p.32

8 送り系の基本設計と性能評価

1. 送り速度の高速化の変遷

工作機械の精度基準となる送り系は，μm オーダの直進精度確保の必要性から，基本的に1軸の案内構造と駆動機構で構成され，これらの組合せによって2次元，3次元の複雑な工具軌跡を，NC 制御を用いて実現している．

工作機械の送り系には直線案内のほか回転テーブルがあるが，本節ではマシニングセンタ（以下，MC という）の直線案内に限定して説明する．

工作機械の高速高精度化の要求に対し，主軸の高速化と同時に，必然的に送り速度の高速化・高精度化が図られてきた．図1にMCにおける送り速度の高速化の変遷を示す．

図から1990年代以降，送り速度が急激に高くなっている．これはリニアガイドの進展に負うところ大で，ハイリードボールねじやリニアモータなどの採用もあり，非切削時間短縮化のための高速化，高加速度化が推進され，従来の早送り速度20m/min，加速度が0.1G程度であったのに比べ，飛躍的に高速化が図られた[1]．

実際に日本工作機械見本市（JIMTOF）に出展されたMCの送り速度（早送り速度）の変遷を図2に示す．当然のことながら，加工対象によって送り駆動系ならびに案内面構造が異なり，早送り速度も20～30m/min と 50～60m/min に2極化しているのがわかる．

図3はJIMTOF2008における出展工作機械の案内形式を調査した結果で，低速ほどすべり案内面が多いのに対し，高速側にシフトするに従いローラガイド，さらにはボールガイドの比率が高くなっているのがわかる．全般的傾向として，すべり案内は減少傾向にあり，ころがり案内では剛性の高いローラガイドが増えつつある．

このように，案内構造においてもそれぞれ特徴があ

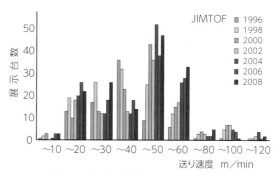

図2 送り系の高速化の変遷（日本精工）

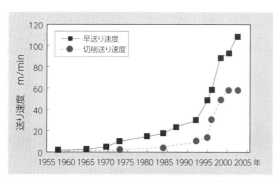

図1 MCにおける送り速度の高速化[1]

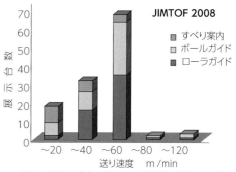

図3 早送り速度の分布と案内構造の内訳（日本精工）

表1　各種案内の特性比較[2]

評価項目		すべり案内	ころがり案内	静圧案内		備考
				油	空気	
運動精度		○	◎	◎	◎	浮上り
負荷容量		○	○	◎	△	垂直方向
位置決め精度		○	◎	◎	◎	ロストモーション
高速運動特性		△	◎	○	◎	高速性能
低速運動特性		△	◎	◎	◎	スティックスリップ
静剛性	重負荷時	○	◎	◎	△	垂直方向荷重
	軽負荷時	○	◎	◎	○	垂直方向荷重
動剛性	垂直方向	◎	○	◎	△	びびり安定性
	送り方向	◎	○	△	△	びびり安定性
摩擦特性（発熱・抵抗）		△	○	◎	◎	駆動モータへの負荷
摩耗特性	耐摩耗性	△	○	◎	◎	摩擦係数
	一様性	△	○	◎	◎	局部摩耗特性
防塵対策の必要性		○	◎	○	○	防塵シール，フィルタなど
騒音特性		◎	△	◎	△	高速時の騒音
組立性（組立・調整）		△	◎	△	△	面加工精度，組立工数
メインテナンス性		△	◎	△	△	関連機器のメインテナンス，修理
コスト		○	◎	△	△	製造コスト，メインテナンス

り，加工内容によって選択されている．**表1**にすべり案内ところがり案内のほか，大形工作機械や超精密工作機械で用いられる静圧（油，空気）案内との比較を示す．

2. すべり・ころがり案内の構造と特徴

工作機械の案内面は，工作機械における母性原則を実現するための構成要素として，変動する負荷を受けながら精度の基準ともなっているため，極めて重要な構成要素である．

このため，モーズレイのねじ切り旋盤の発明以来，すべり案内面が主流で，案内面の構成，摺動部材の材質，潤滑法などの改良が重ねられ，今日に至っている．

代表例として立型MCの角形すべり案内面と各軸の構成を**図4**に示す．案内面は摺動体が移動するあらゆる位置で，また加工が行われるときにかかる荷重の作用のもとで，正確な位置決めおよび滑らかな移動ができ，できるだけ摩耗が少なく均一になるような構造，形状が望まれる．

一般の工作機械には，**図5**に示すダブテイル案内面と角形案内面が多く採用されている．角形案内面は比較的大きな荷重を支えることができ，加工もしやすく，水平案内面，垂直案内面のいずれにも使用される．

案内面のすきまは，1/50～1/100の勾配を有する調整板（ギブ）を調整ねじで押し込むことにより調整する．この方式はくさび作用によって横方向に大きな

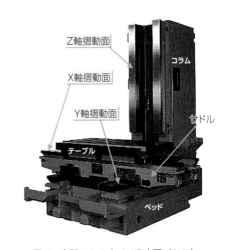

図4　立型MCのすべり案内面（OKK）

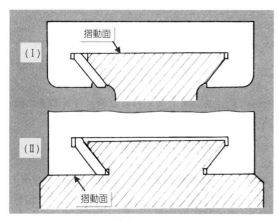
(a) ダブテイル案内面

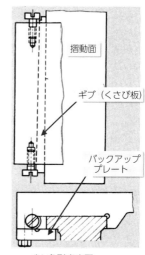
(b) 角形案内面

図5 すべり案内面の構造[3]

力が作用するので高い剛性が得られる．また，摺動体が水平案内面から浮上らないように，垂直案内の場合には離れたりしないようにバックアッププレートを使用し，すきま調整のために，バックアッププレートの摺動部にテーパ形調整板を使用する場合が多い．

ダブテイル形案内面は摺動体の位置を水平および垂直方向に拘束することのできる案内面で，角形案内面に比べて，バックアッププレートなしで浮上がりを防止できる特徴をもっている．

案内面の摺動部には耐摩耗性が要求されるため，比較的焼付きや摩耗を起こしにくい材質の組み合せ，たとえば鋳鉄同士のいわゆる"ともがね"を避け，鋳鉄焼入れ研削面と，フッ素系樹脂（ターカイトなど）のきさげ仕上げ面を摺動面とし，つねに油膜が形成されるように強制的に間欠給油を行っている．この組合せでは，焼入れ鋼と鋳鉄の組合せに比べ弾性変形量が大きくなるが，静・動摩擦係数の差が小さいことは位置決め精度の向上にとって有効に作用する．

図6にフッ素系樹脂摺動面のきさげ仕上げのようすを，図7にきさげ仕上げ面の断面形状を示す．最大70μm程度の凹凸が潤滑のための油溜りとして機能す

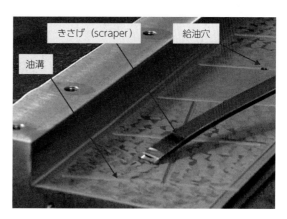
図6 摺動面のきさげ仕上げ（OKK）

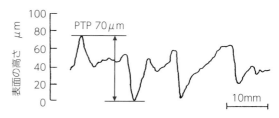
図7 フッ素系樹脂摺動面の断面形状[4]

8 送り系の基本設計と性能評価 71

る．また図8に摺動面の油溝の形状と給油穴を示す．図8（c）は主に垂直軸用であり，摺動面油の落下を防ぐ形状となっている．

すべり案内面の円滑な移動と正確な位置決め，さらには案内面の摩耗対策として，摺動面油を強制給油することになるが，潤滑油の特性が案内面の摩擦，摩耗特性さらには位置決め精度に大きく影響することになる．

図9は強制間欠給油したときのテーブルの浮上り量を測定したもので，約10分間隔で吐出されるときに約1μm程度の突起が観測され，その後徐々に復帰する現象がみられる．長時間の金型加工においては，この突起が金型表面に凹状のへこみを生じることになる．このため，吐出のタイミングに配慮する必要がある．

また，摺動部材の移動にともなう動圧の発生によりテーブルが浮上り，加工精度に影響を与える場合がある．このため，摺動面での圧力の変動を極力抑えるため，油溝の一部を大気圧に解放することが重要である．

一方のころがり案内面は，工作機械送り系の高速化の要求に対して，1970年代に初めて開発されたもので，すべり案内面に比べて摩擦係数が1/10以下と小さいため位置決め精度が向上し，しかも取付けが簡単であることなど，多くの利点がある．

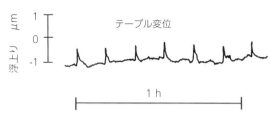

図9　間欠給油によるテーブル浮上り[4]

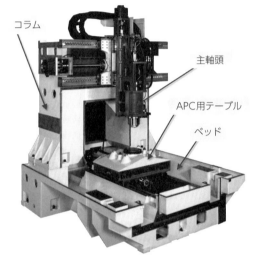

図10　立型MCのリニアガイド（OKK）

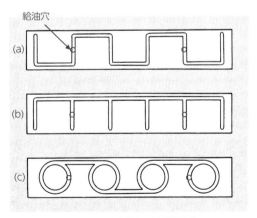

図8　すべり案内面の油溝形状[3]

図11　ローラガイド（IKO）

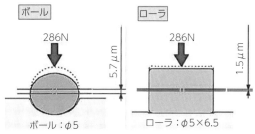

図12 ボールとローラの剛性比較（IKO）

反面，剛性や減衰能がすべり案内に比べて小さく，そのため送り系の剛性が低くなり，重切削やびびり安定性に問題が生じる場合がある．

図10はリニアガイド（ローラガイド）をXYZ 3軸に採用した立型MC（ATCとMGは図示せず）のスケルトンである．すべり案内の立型MCに比べ，部品点数も少なく簡素な構造となっている．

リニアガイドにはボールガイドとローラガイド（図11）があり，両者は図12に示すように剛性面で約4倍の差がある．反面，変位量が大きいことはそれだけ個々のボールの平均化効果が期待でき，また個々のボールのブロックへの出入りによる微小な振動成分であるウェービングが少ないことを意味している．

3. 送り系の構成とサーボ性能

送り運動要素の駆動機構の役割としては，切削抵抗に打ち勝ち，工作物が取付けられたテーブルや，工具が取付けられた主軸頭などの運動要素を正確で安定した送り速度で運動させるとともに，必要な位置に正確に位置決めすることである．その際，短時間で必要速度まで立ち上げ，立ち下げることができるとともに，振動・騒音レベルが低いことが要求される[5]．

送り系の構成は図13に示すように，基本的にはテーブル，主軸頭などの送り運動要素，ボールねじ，検出器から構成され，ボールねじ直結のACサーボモータによるダイレクトドライブが一般的である．また高速高精度加工を実現するために，ボールねじ支持方式がダブルアンカ方式が一般的である（後出の図35にシングルアンカ方式を示す）．

位置の検出方法にはセミクローズドループ方式とクローズドループ方式がある．一般的なセミクローズドループ方式は図13に示すように，サーボモータに内蔵されたロータリエンコーダでモータの回転変位から間接的に摺動体の位置を検出し，フィードバックする方式である．このため，位置制御ループの外側にあるボールねじのピッチ誤差や剛性，送り系機械要素のバックラッシや変形などによって，位置決め精度が規定されることになる．すなわち，主としてボールねじの精度が直接的にテーブルの位置決め精度に影響を及ぼすので，そのピッチ精度を高めるとともに，その補正を行っている．またボールねじの熱膨張の影響も無視できなくなり，各種の対策が必要となる．

その一方では，送り系機械要素の剛性やバックラッシが位置制御ループの外側にあるため，位置決め精度が悪化する反面，サーボ系の安定性はかえって容易になるという特徴をもつ．

クローズドループ方式は，摺動体であるテーブルに取付けられたリニアスケール（光学スケール，磁気スケールなど）によって直線運動位置を直接検出し，フィードバックする方式である．この方式によれば，NC指令の出力端で位置決め精度を検出しているため，リニアスケールの精度と同じ程度の精度が得られる．

しかしながら位置検出系が比較的高価であること，サーボモータの特性やボールねじおよび摺動体などの機械系の特性が位置制御ループ内に含まれるため，サーボ系が不安定になり発振（ハンチング）を生じ加工不能になるケースがあり，セミクローズドループ方式に比べ応答性（たとえば位置ループゲインなど）をあまり高くすることができない．

図13に示した送り駆動系の力学モデル図14において，モータが摺動体を駆動するために必要なトルク $T_d(t)$ は，ボールねじの摩擦係数が0.01以下で他の機械要素に比べて無視できるとして，直線運動の推力に変換すると次式のようになる．

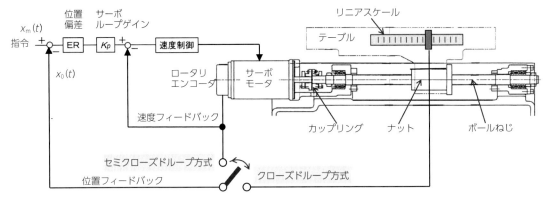

図13 立型MC送り駆動系の構成と制御方式（参考文献5の図に加筆）

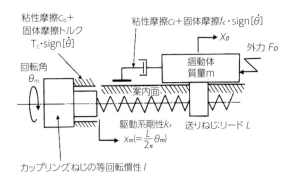

図14 送り駆動系の力学モデル[5]

$$T_d(t) = \frac{L}{2\pi}F_D(t) + I\ddot{\theta}_m(t) + T_b(t) \qquad (1)$$

ここで D はボールねじの有効直径，L はボールねじのリード，$F_D(t)$ は外乱力，θ_m はモータ角変位である．I は負荷イナーシャであり，ボールねじなどの回転運動体および直線運動体の慣性をモータ軸換算の回転慣性で表したものである．また $T_b(t)$ はボールねじを支持する軸受の摩擦トルクを表し，通常グリースや潤滑油によって生じる粘性摩擦トルク $c_b\dot{\theta}_m(t)$ ところがり摩擦によって生じる固体摩擦トルク T_c の和となり，(2) 式で表される．

$$T_b(t) = C_b\dot{\theta}_m(t) + T_c \cdot sign(\dot{\theta}_m) \qquad (2)$$

ここで $sign(\dot{\theta}_m)$ は符号関数で，$\dot{\theta}_m \geq 0$ の場合1，$\dot{\theta}_m < 0$ の場合0となる．さらに $\theta_m(t)$ に $L/2\pi$ を乗じると理想的な送り量 $x_m(t)$ が求められる．

摺動体の質量を m，案内面に働く粘性摩擦力を $c_l\dot{x}(t)$，また固体摩擦力を f_c，摺動体に作用する外力を $F_D(t)$ とすると，推力 $F_b(t)$ とこれらの間には (3)，(4) 式の関係が成り立つ．

$$F_b(t) = m\ddot{x}(t) + c_l\dot{x}(t) + f_c \cdot sign(\dot{x}_0) + F_D(t) \qquad (3)$$
$$F_b(t) = k_r\{x_m(t) - x_0(t)\} \qquad (4)$$

ここで，x_m はボールねじ回転に伴う理想的な送り量，x_0 は実際の摺動体の送り量で，それらの差 $\{x_m(t) - x_0(t)\}$ が位置偏差となり，サーボ系はこの位置偏差に比例して v なる速度で位置偏差を修正する動作が行われる．この間の比例定数がシステムゲイン Ks であり，次式で定義される．

$$Ks = \frac{定常送り速度 v \text{ (mm/sec)}}{位置偏差 \text{ (mm)}} \text{ (sec}^{-1}\text{)}$$

k_r はモータ側のスラスト軸受とボールナット間の軸方向総合剛性で，送り系各要素の直列結合のばねモデルとして計算できる[5]．

前述の4章1節1自由度振動系モデルの運動方程式 (1) 式と比較して，(3) 式には摩擦に関する2項，すなわち案内面に働く粘性摩擦力 $c_l\dot{x}(t)$ と固体摩擦力 f_c がサーボ性能に大きく影響し，案内形式による特性の差となって表れる．

なお，送り駆動系の設計に際しては，移動ストローク，案内面の構成，送り動力，立上り特性，精度（案内，位置決め），熱変形などについて考慮する必要があり，設計仕様としては①送りサーボモータの選定，②案内面構成の選択，③ボールねじの選定の3段階に分けられる．

①送りサーボモータ選定に際しては使用環境，分解能，最高回転数，負荷イナーシャ，実効トルク，必要な瞬時最大トルクを検討項目とする．

②案内面の構成には，最も一般的なすべり案内面，軽切削・高速送り用のころがり案内，さらには超精密加工機用の静圧案内（空気，油静圧）がある．すべり案内では面圧，ころがり案内では，剛性のほかボールガイド・ローラガイドの定格寿命，基本定格荷重，寿命計算式の検討が必要となる．

③ボールねじの選定に際しては，使用条件，リード，基本動定格荷重，座屈荷重，危険速度，精度等級，剛性，潤滑・防塵を考慮して選定を行なうことになる．

4. 送り系の摩擦特性

送り系は基本的に1軸の案内機構の組合せで構成されているので，図15に示す1軸案内の運動誤差について評価することになる．なお，送り系の摩擦特性の差によって，すべり，ころがり案内で特性が大きく異なる．

図16は案内方式による摩擦力を比較して模式的に示したものである．案内面での摩擦力は，（3）式に示したように可動要素の動的応答性に大きく影響し，同時に案内面における振動減衰効果として，びびり振動の抑制に重要な役割を果すことになる[5]．

すべり案内面では，案内面に働く粘性摩擦力 f_l と固体摩擦力 f_c の合計が全摩擦力となる．すなわち流体潤滑下での油膜のせん断抵抗に起因する粘性摩擦力 f_l は，油静圧案内と同様に送り速度に比例し $c_l \dot{x}(t)$ で表される．一方，固体摩擦力 f_c は案内面の潤滑状態が低速域の境界潤滑から混合潤滑領域に移行するに伴い

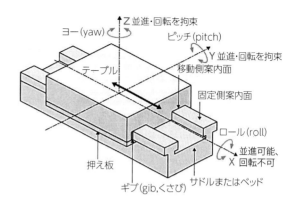

図15　1軸案内の運動誤差[2]

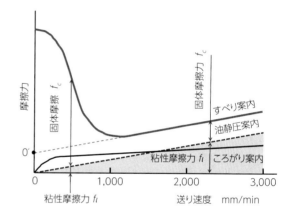

図16　各種案内方式による摩擦力の相違（参考文献5の図に加筆）

低下し，その後は流体潤滑領域となり速度に比例して増大する（後述図28参照）．しかしながら流体潤滑領域下においても，非接触の油静圧案内と異なり摺動面の一部は固体接触しているため，固体摩擦力分だけ大きな値となる．

これらの固体摩擦力，粘性摩擦力が送り速度方向の振動減衰能として作用することになり，当然のことながら，固体摩擦力のほうが粘性摩擦力より大きいことが，すべり案内の耐びびり特性の向上につながっている．

油静圧案内ではテーブルとサドルまたはベッド間に数$10\mu m$の圧油膜が形成され，固体接触のない流体潤

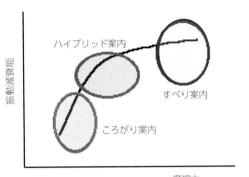

図17 案内面の摩擦力と振動減衰能[6]

滑領域にあるため,粘性摩擦力f_lのみが作用し,その大きさは送り速度に比例して増加する.このためびびり振動が発生した場合には,テーブルとサドル間に固体接触部を付加することにより,送り方向の摩擦力が増大し,その結果,減衰能が増大してびびり振動を抑制できることが経験的にも確認されている.

ころがり案内では,すべり案内に比べて摩擦力が小さく,しかも送り速度の影響が少ないのが特徴となっている.

図17に示すように,すべり,ころがり案内の特性の差を決定づけるのは摩擦力と振動減衰能であり,この両者の特性の差が送り系の性能に大きく影響することになる.このため,両者の中間的な性能を追求した結果として,すべり案内ところがり案内,もしくはすべり案内と静圧空気案内を併用したハイブリッド案内などが実用化されている.

5. 送り系の剛性

送り駆動系の軸方向の変形は,摺動体の位置決めの際の誤差や,正/逆転の際のロストモーションとなって表れる.また切削加工時の動的な変形は加工精度に影響し,ときにはびびり振動を発生することになる.そのため,送り駆動系の静・動剛性に配慮した設計が必須である.

送り駆動系の軸方向の変形は,送りねじ,ナット,スラスト軸受などの各要素および取付け部における変形が合成されたものであり,送り系の総合剛性をばね定数Kで表わすと,直列ばね特性から次式で表される[7].

$$\frac{1}{K} = \frac{1}{k_S} + \frac{1}{k_N} + \frac{1}{k_B} + \frac{1}{k_H} + \frac{1}{k_{SV}} \tag{5}$$

ここでk_Sはボールねじの剛性,k_Nはナットの剛性,k_Bは支持軸受の剛性,k_Hはナット,軸受ハウジング部の剛性である.

k_{SV}はNCのサーボ剛性で,送り駆動系に外的負荷が作用して前述の位置偏差$\{x_m(t)-x_0(t)\}$が生じた場合,これを修正するようにサーボモータが発生するトルクの位置偏差に対する比を表わしており,サーボモータやアンプなどの電気系の特性によって決まるものである.

図18は大形工作機械のNC送り駆動系の軸方向総合剛性に対する各要素の剛性を比較した例である.図から,サーボ剛性は一般に機械系要素の剛性に比べて十分高く,送り系の機械要素のなかでは,ボールナット,ボールねじ,スラスト軸受の剛性が低い.このため,図の剛性配分と(5)式から,剛性向上の設計的

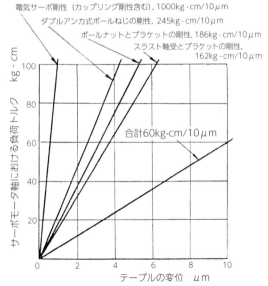

図18 送り構成要素の剛性の比較[7]

配慮が必要となる．

とくに大形工作機械においては，切削加工時の切削抵抗や加減速時の振動により，ボールねじに弾性変形を生じて伸縮し，その結果，加工表面品位が劣化するケースがあり対応が必要となる（後述 15 章 5 節を参照）．

6. 送り系の位置決め精度

1軸送り系に要求されるのは，NC指令位置にいかに速く精密に位置決めするか，いわゆる位置決め精度が第一の要件となる．この位置決め誤差に影響する因子としては，前出図 15 に示した運動誤差のほかに，送り軸による位置決め誤差がある．

前出図 10 に示した立型 MC において，XY 軸の送り方向反転時のモーメントによる姿勢変化を図 19 に示す．これらの姿勢変化は当然のことながら位置決め精度さらには加工精度に影響することになる．ここでは，上記の姿勢変化による位置決め誤差はないものと仮定して，単純に送り速度方向のみで発生する位置決め誤差に限定して説明する．

位置決め精度に影響する因子としては，送り系の電気的・機械的な剛性のほか，位置の検出方式を含めたサーボ剛性に大きく影響される．

このような送り系の位置決め精度を評価するには，位置指令に対する偏差が顕著に表れる直進・反転特性，微小送り特性そしてロストモーション特性などを把握すればよい．

図 20 は，1980 年代の立型 MC の X 軸すべり案内面について，±50μm の範囲で 10μm ステップで往復移動させたときの NC インクリメンタル指令値 ΔXi と実際の移動位置 ΔX との関係を示したものである．図 (a) はセミクローズドループ制御（位置ループゲイン 33sec^{-1}）で，図 (b) がクローズドループ制御（位置ループゲイン 20sec^{-1}）で，いずれの場合も直線性は 1μm 以内であるが，前出図 13 に示したように位置フィードバックの検出位置による効果は明らかで，セミクローズド制御の場合，移動方向反転時のヒステリシス Hx は約 10μm となっている．

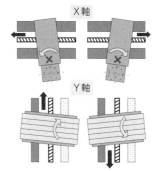

図 19　移動体の姿勢変化

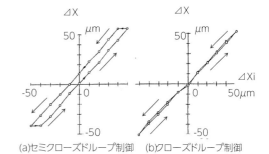

(a)セミクローズドループ制御　(b)クローズドループ制御

図 20　往復運動時の位置決め誤差[9]

これはテーブルの移動に際し，案内面の摩擦抵抗により駆動系の各要素の弾性変形によって見かけ上のバックラッシを生じるもので，NC のバックラッシ補正値を設定することにより補正が可能である．

過去においては，ボールネジとナット間の遊びなどの機械的なガタ（遊び）をバックラッシと呼び，伝達機構の剛性に依存する弾性変形（ワインドアップ）の両者を併せてロストモーションと呼んでいた．この考え方に従ったモデルを図 21 に示す．すなわち，セミクローズド制御では，移動方向の反転時にバックラッシによるヒステリシスを生じる．すなわち，A → B → C → D → A の移動サイクルを描くことになる．

このバックラッシによるヒステリシスについては，NC のバックラッシ補正機能を用いてほぼ完全に補償することができるが，送り系のワインドアップによる不感帯，すなわち反転時の移動体の摺動抵抗（静

止摩擦）に打ち勝って初めて動き始めるため，同図に示したLxが付加され，その結果，点線で示したA→B→C→C1→C2→D→A→A1→A2→Bの移動サイクルを描くことになる．以上のモデルは極めて単純な摩擦モデルを仮定した場合であって，実際の工作機械送り系での挙動はさらに複雑である．

現在の工作機械では伝達機構の各要素に予圧を付加しているため，バックラッシはほとんど存在せず，ロストモーションの主要な原因は，弾性変形やワイパシールなどの摩擦抵抗によるもので，これらは時間の経過とともに解放されるため，図21中の破線に示すように，弾性変形や摩擦抵抗の大きさにより複雑な軌跡を示すことになる．

このように，NCにおいて本来バックラッシを対象に考案されたバックラッシ補正法がロストモーションに対してもある程度有効であるため，ロストモーションを補正する手法をバックラッシ補正と呼び，この呼称が定着している．

なお，Y軸の場合にはX軸に比べて移動質量が大きくなるため，ヒステリシス幅は約$25\mu m$と大きくなり，垂直軸であるZ軸では重力が常に一方向に作用するため，ヒステリシスはほとんど生じない．

図22はXY面内での階段状の微小送り速度指令（$1\mu m$および$2\mu m$ステップ）を与えたときのテーブルの動きを測定したもので，最小分解能は$2\mu m$程度で，セミクローズド，クローズドループ制御のいずれも大差がない．

次に横型MCのZ軸すべり案内を例に，ロストモーション特性について述べる．

ロストモーションは図23に示すように，正および負方向の向きで位置決め停止位置の平均値の差で定義される（JIS B6330）．

図24は送り速度によるロストモーションの変化を示したもので，移動距離dを1〜100mmの範囲で変化させた場合で，送り速度によってロストモーション量が大きく変化することがわかる．すなわち，移動距離がd=1mmと小さい場合には送り速度の影響はほ

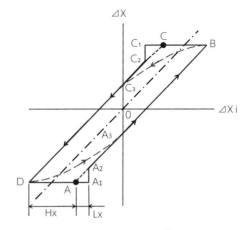

図21 反転時の挙動[9)]

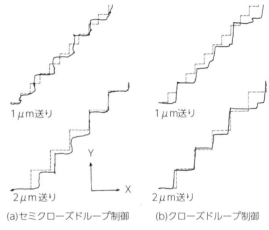

図22 微小送り特性[9)]

(a)セミクローズドループ制御　(b)クローズドループ制御

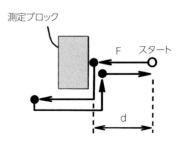

図23 ロストモーションの測定[10)]

とんどなく，ロストモーション量は±1μmの幅で一定値をとる．移動距離が増大するにつれて，急激にロストモーションは大きくなり，移動距離d=50mmを越えると移動距離に関係なく，送り速度の影響のみとなる．

図25は移動距離の影響を示したものである．送り速度F=1000mm/minでは，d=2mm以下の極端に小さい場合を除いて，移動距離に関係なくほぼ一定となるが，送り速度が大きくなるに従いロストモーション量は小さくなる．

以上の結果から，送り速度F=1000mm/min付近で摺動面の潤滑状態が境界潤滑から流体潤滑に移行するためと推測される．そこで図26に示すように，移動時のテーブル浮上り量は送り度F=600mm/min付近から，送り速度の増大とともに浮上り量が直線的に増加しているのがわかる．動圧すべり案内面においては，送り速度F=1000mm/min付近で摩擦力が極小値になる（前出図16参照）ことが指摘されており，摺動部における潤滑状態の変化によるものと考えられる．行き（○印）と戻り（△印）で浮上り量に差があるのは，スタート位置から測定ブロックまでの移動距離が異なるためで，移動距離が大きくなるほど流体潤滑状態に移行しやすいためである．

図27は別の立型MCにおいて，浮上り量とロストモーションの関係を測定した結果で，両者には明らかな相関関係があることがわかる．

以上のすべり案内面の特性は，図28に示すストライベック線図で理解することができる．

すなわち，潤滑剤の特性である粘度ηと摩擦条件（荷重P，速度v）によって，潤滑膜が二面間を完全に分離する流体潤滑領域（$h > R$），わずかな潤滑膜で流体潤滑と境界潤滑が混在する混合潤滑領域（$h \fallingdotseq R$），そして潤滑膜がほぼ単分子膜程度になる境界潤滑領域（$h \fallingdotseq 0$）に分けられる．

すべり案内面の摺動部では，潤滑油のくさび膜効果や絞り膜効果によって油膜が形成され，荷重とつり合う圧力が流体膜内に発生することによって固体同士の

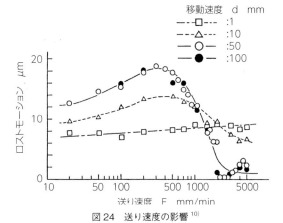

図24 送り速度の影響[10]

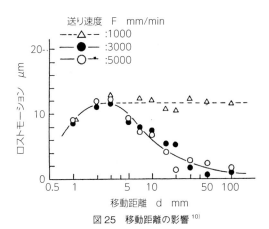

図25 移動距離の影響[10]

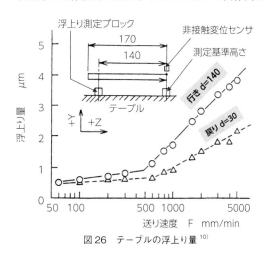

図26 テーブルの浮上り量[10]

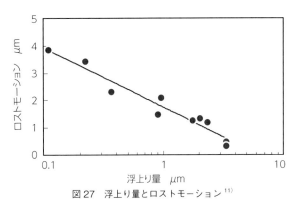

図27 浮上り量とロストモーション [11]

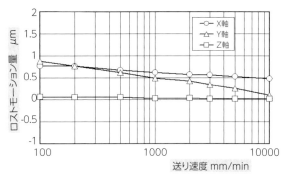

図29 ころがり案内のロストモーション [13]

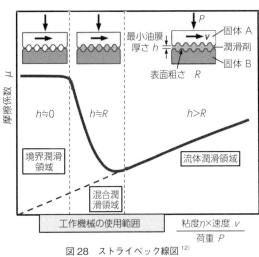

図28 ストライベック線図 [12]

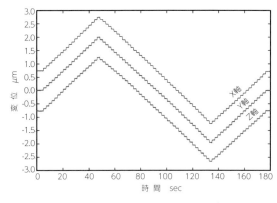

図30 ころがり案内の微小送り特性 [13]

接触がほとんどない状態となり，流体の剪断抵抗によって摩擦係数は流体の粘度，速度に比例して大きくなる．

工作機械での使用範囲は流体，混合，境界潤滑領域にまたがっており，境界潤滑下では固体同士の接触抵抗により摩擦係数が大きくなる．その結果，前出図16に示したような特性を示すことになる．

さらに，垂直軸についても同様の測定を行なったが，案内面構造および重力の影響で，ロストモーションに及ぼす送り速度および移動距離の影響は無視できる程度に小さかった．

一方，ころがり案内では摩擦係数が極めて小さいため，図29に示すように送り速度および移動距離の影響はほとんどなく，また水平・垂直幅に関係なくロストモーション量は$1\,\mu$m以内でほぼ一定値となる．

図30は微細金型加工機の高精度リニアボールガイドを採用した送り系で，0.1μmステップの微細送り特性を測定した結果で，XYZ 3軸とも高精度な応答性と反転時のロストモーションも0.1μm以下の溜りのない良好な特性を示しているのがわかる．

7. 送り系の輪郭精度

2軸，たとえば立型MCのX，Y軸を同時に円弧補間運動させたときの円の形状がどの程度真円から狂っているかを，DBBを用いた円運動精度試験（後述10章参照）によって，現在では表2に示すように

様々な誤差の診断が可能となり，工作機械の精度解析および精度向上に重要なツールとなっている．

1980年代には真円切削による真円度も数$10\mu m$のオーダであり，高精度の輪郭加工精度の確保が困難であった．

図31は前節と同じ立型MC（バックラッシ補正なし）のXY軸すべり案内面を用いて，エンドミルにより工作物（FC200）を加工したときの真円度誤差曲線と，3次元変位センサを用いて円板法によりϕ300mm基準円板外周の円運動精度測定の軌跡を重ね合せたものである．

エンドミル加工においては工具中心軌跡が転写されるのではなく，エンドミル外径で創成される包絡線により真円輪郭形状が決まることを考慮すれば，両者の形状誤差パターンはよく対応しており，象限切替え時のロストモーションによる不惑帯の大きさもほぼ$10\mu m$で一致し，送りサーボ系の特性が明確に示されている．

接触形変位センサによる真円輪郭精度測定では，真円輪郭精度とともに直径偏差が同時に測定可能である．また，測定球が基準円板に接触しながら測定するため，摩擦係数0.16に対応した摩擦角9°程度軸線に対し傾きを生じることになる．

図32は内径ϕ60mmのリングゲージを送り速度を変化させて測定したときの真円輪郭精度を重ね合せたもので，これから送り速度が大きくなるほど真円軌跡の半径が小さく，しかも象限切替え時に発生する突起が大きくなっている．

なお，真円輪郭移動時にフィードホールドにより一時停止した場合には，図中△，●印で示すように送り速度200mm/minのときの真円軌跡に一致していることから，円弧補間のパルス分配は正常であるが，送り系がそれに追従できずに，半径が小さくなってことがわかる．これは当時のNCの円弧補間（G02，G03）において，微小ブロックでの演算速度が遅いために円弧運動の遅れを生じることが大きな要因であった．

前出の図31，図32みられるように，同時2軸制御の円運動においては，軸の運動方向が反転する象限

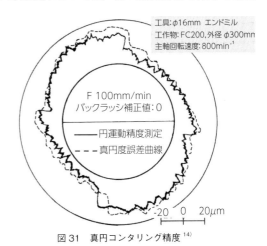

図31　真円コンタリング精度[14]

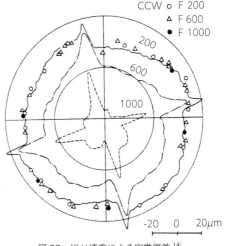

図32　送り速度による定常偏差[14]

表2　円運動精度試験によって診断可能な項目[5]

案内面の幾何学的誤差	真直度
	直角度
位置決め誤差	エンコーダの誤差
	ピッチ誤差補正の不適正
ボールねじ駆動機構の誤差	ボールねじの伸び
	ボールねじの振れ回り
	バックラッシ
	スティックション（象限切替時の突起）
サーボ系の誤差	位置ループゲインの不適正
	速度ループゲインの不適正
	位置および速度検出器のノイズ

切替え時に段差状の軌跡誤差（ロストモーション）や突起状の軌跡誤差，いわゆる象限突起が生じ，加工面には筋状の模様がつくことになる（図33）．

これら段差や象限突起は，送り系の摩擦抵抗や弾性変形，追従遅れなどの影響によるもので，サーボモータの回転方向反転時に機械系が遅れ，図33のような突起として表れる．送り系にバックラッシが存在する場合も図33に示すような段差状の軌跡誤差が生じるが，現在の送り系には本来のすきまとしての意味でのバックラッシは存在しない．

このような象限突起の発生メカニズムは図34によって説明されてきた．図（a）のXY面内での円運動において，Y軸運動方向反転時にはY軸送り速度が一旦ゼロとなるために摩擦力が静止摩擦力に移行し，サーボモータから出力されるトルクが静止摩擦力より大きくなるまでは，運動方向が反転するY軸位置は変化しない．その間，もう一方のX軸は運動を続けているため，円弧軌跡上では図（a）のようになり，半径方向に拡大すると突起状に表示されることになる．

このときには，運動方向が反転するY軸は静止しているとされ，よってY軸送り速度と加速度は図（b）のように変化していることになる．

しかしながら，実機の象限切替え時の挙動をみると，図34のモデルでは必ずしも十分に説明できていない．とくに軸移動反転時の摺動面の摩擦モデルと実機での摩擦挙動には大きな差異があり，このため数多くの摩擦モデルが提案され，またそれらの補償方法[17]，たとえばバックラッシ加速機能やフィードフォワード機能など数多くの機能が開発され今日に至っている．

これらの例は主として1980年代の立型MCの性能評価例であり，現在では各種工作機械にみられるように，高精度化のための各種サーボ機能により，μmオーダの真円切削が可能となっている．

8. 送り系の熱変位とその対策

一般的なセミクローズドループ方式の工作機械送り

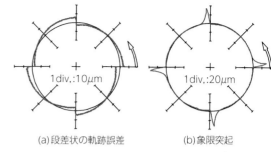

(a) 段差状の軌跡誤差　　　(b) 象限突起

図33　段差状の軌跡誤差と象限突起[15]

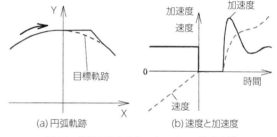

(a) 円弧軌跡　　　(b) 速度と加速度

図34　象限突起の発生メカニズムの模式図[16]

系では，ボールねじは位置決め動作の動力伝達機構であると同時に基準スケールとしての役割を担っており，ボールねじの静的・動的精度によってテーブルやサドルなど移動体の位置決め精度が規定されることになる．

ボールねじの静的精度は主としてねじ軸のリード精度に左右されるが，動的精度については工作機械の稼働条件に大きく影響され，とりわけボールねじの回転に伴う温度上昇による熱膨張誤差は，直接位置決め誤差となって工作物に転写されるため，ボールねじの熱膨張誤差を極力小さく抑えることが必要となる．

図35にボールねじ（φ50mm，p10mm）駆動の横型MCのX軸テーブル送り系の構成を示す．セミクローズドループ方式で，ボールねじのサーボモータ側には軸方向移動を拘束するためアンギュラ玉軸受で支持され，他端は玉軸受（図示せず）で自由支持されたシングルアンカ方式と呼ばれるものである．

テーブル上には原点X＝0および原点位置から

X=−150，−250，−350，−500mm 位置の5か所に測定基準となる測定ブロックを固定し，移動にともなう各点でのボールねじ熱膨張量 D0, D1 ～ D4 を測定した．テーブルの移動パターンは動作時間比（1サイクル時間中に実際にテーブルが移動している時間の割合）を変化させ4通りとした．

送り速度 9 m/min と 3 m/min で全ストローク 710 mm を往復繰返し運動（移動パターンⒶ）させたときのボールねじ軸方向5点 D0, D1 ～ D4 の熱膨張量の経時変化を図36 に示す．

これから各測定点の熱膨張量は一次遅れの挙動を示し，時定数約 30 ～ 45 min の指数関数で表され，整定時間約 3 h で定常状態に達している．

図からボールねじ熱膨張の一般特性として，送り速度が大きいほど，すなわち発熱量が大きいほど熱膨張量の定常値が大きい．またボールねじの回転数が大きいほど時定数が小さくなっている．これは回転数が上昇するのにともない，それだけ熱伝達率が大きくなるためで，これらの特性は集中質量系における時定数および定常値を表わす前述 5章2節 の (4), (5) 式の傾向に一致する．

移動パターンを変化させた場合の温度上昇および熱膨張量の計算値と実験値を図37 に示す．計算にはボールねじナット部Ⓐ$_N$ および支持軸受部での発熱を個別に計算し，両者の温度分布を重ね合わせることによって軸方向の温度分布と熱膨張量を計算した．

図から移動ストロークが比較的大きい場合には，局部的な移動パターンに対しても 6 μm 程度の精度で計算が可能である．しかしⒸ-1のように移動ストローク 150mm と短い場合には 10μm と誤差が大きくなっている．これはテーブルの起動・停止時の加速時間さらには反転時の停留時間があるため，ストローク端での流入熱量がそれだけ多くなり温度分布がより平均化されると同時に，ストローク端での加減速時間を動作時間比に考慮していないため，それだけ熱流入量を大きく算定したためと考えられる．

熱膨張量の計算値がボールねじ軸方向に直線でな

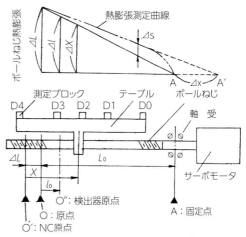

図35 ボールねじ送り系の構成 [18]

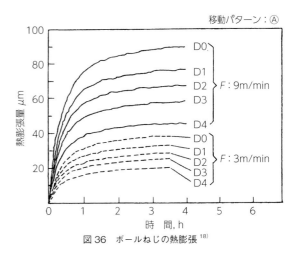

図36 ボールねじの熱膨張 [18]

く，支持軸受の発熱の影響を受けてS字状に変化しているため，図35 の熱膨張誤差曲線に示すように，固定点Aを起点とした直線で近似した場合には測定位置によっては 6μm 程度の近似誤差を生じる場合があり，注意が必要である．

これらの熱変形対策としては，ボールねじ両端の支持軸受でプリテンションを予め付加し熱変位誤差を相殺する方法や，中空ボールねじやナットの内部に冷却油を還流させ，冷却によって熱変位を低減する方法が採用されている．中空ボールねじの油冷却では，冷却

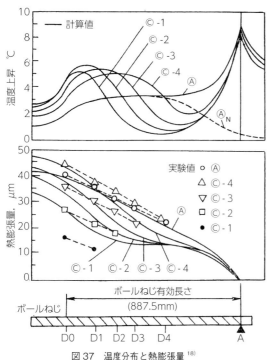

図37 温度分布と熱膨張量[18]

油量に比例して冷却効果が増大するが，中空部内壁の表面積が限定されているため，おのずと冷却能力に上限があることに注意する必要がある．

9. 高速，高精度加工のための制御技術

送り速度の高速化に伴い，種々の制御誤差が生じ必然的に加工精度の劣化を招くことになる．このため高速高精度機能とよばれる各種の制御法によって，加工誤差の最小化が図られ，金型加工面品位の向上に活用されている．

図38は高速高精度機能の制御効果を示したもので，制御方式によって半径減少やコーナ部のアンダーシュートが大きく変化しているのがわかる．このように高速と高精度は本質的にトレードオフの関係にあり，要求される加工精度に応じて送り速度を自動減速する等の制御機能が必要となる．このため各種の補正制御技術が開発され，加工の高能率化と高精度化に貢献している．

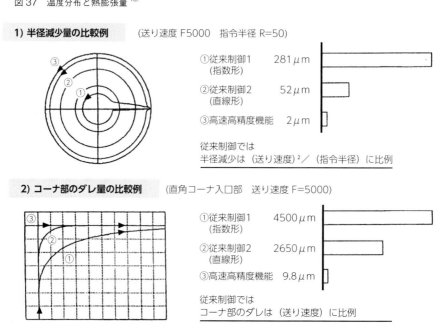

図38 金型輪郭形状加工における制御誤差（OKK）

＜参考文献＞
1）垣野義昭：NC工作機械主軸系の最新動向，NTN TECHNICAL REVIEW，No.72（2004），p. 2
2）清水伸二：新版初歩から学ぶ工作機械，大河出版（2011），p.177
3）小笠原忠夫：案内面の構造，フライス盤マニュアル構造精度編，大河出版（1976），p.34
4）幸田盛堂：工作機械案内面の浮上り現象，日本機械学会関西支部潤滑部門講演会講演論文集（1993），p.35
5）日本工作機械工業会編：工作機械の設計学（基礎編），日本工作機械工業会（1998）
6）椙尾茂樹，幸田盛堂ほか：大形立型マシニングセンタMCV1060の開発，型技術，13巻8号（1998），p. 4
7）沢田潔：大形工作機械における最近の動向，機械の研究，30巻5号（1978），p.576
8）古川勇二：すべり面の動特性，機械の研究，30巻1号（1978），p.26
9）幸田盛堂：マシニングセンタにおける自動計測補正システムの開発，精機学会昭和55年度関西地方定期学術講演会前刷（1980），p.103
10）幸田盛堂，熊谷幹人ほか：NC工作機械送り系の空間精度解析（第1報）案内面形式のロストモーションに及ぼす影響，精密工学会1995年度関西地方定期学術講演会講演論文集（1995），p.95
11）幸田盛堂，園田毅ほか：工作機械案内面のロストモーション特性（第4報）象限切替え時の速度の影響，2002年度精密工学会秋季大会学術講演会講演論文集（2002），p.61
12）長谷亜蘭：トライボロジーの基礎，精密工学会誌，81巻7号（2015），p.643
13）幸田盛堂，熊谷幹人ほか：微細金型加工機VD300の開発，2005年度精密工学会秋季大会学術講演会講演論文集（2005），p. 7
14）幸田盛堂，牛尾純裕ほか：アナログ式多次元検出器の開発（第4報）NCコンタリング精度測定への応用，昭和57年度精機学会春季大会学術講演会論文集（1982），p.986
15）K.NISHINO, R.SATO et al.：Influece of Motion Errors of Feed Drive Systems on Machined Surface, Vol. 6 , No. 6（2012），Journal of Advanced Mechanical Design, Systems, and Manufacturing, p.781
16）佐藤隆太，堤正臣ほか：円運動象限切替え時における送り駆動系の動的挙動，精密工学会誌，72巻2号（2006），p.208
17）杉江弘，岩崎隆至ほか：工作機械における漸増型ロストモーションのモデル化と補償，システム制御情報学会誌，45巻3号（2001），p.117
18）幸田盛堂，村田悌二ほか：マシニングセンタにおけるボールねじ熱膨張誤差の自動補正，日本機械学会論文集(C編)，56巻521号（1990），p.154

9 最新NC技術と開発動向

工作機械を駆動制御するNC（Numerical Controller 数値制御装置）は，金型の一品生産，自動車部品の変種変量生産，スマートフォン筐体の短納期大量生産など，多様な市場ニーズに対応すべく，生産性・加工精度・操作性（使い易さ）の向上に向けた進化を続けている．ここでは，三菱電機におけるNCの最新技術動向について解説する．

1. NCシステムの構成

NCシステム（図1）は，NC（本体）・ドライブユニット・主軸モータ・サーボモータで構成され，NCプログラムに基づいて工作機械を駆動制御する．

NCプログラムは，被加工物の設計データ（CADデータ）からCAMによって自動生成されるか，NCに搭載されているNCプログラム作成支援機能を使ってNCオペレータによって作成される．NCは，NCプログラムを解釈して，工具長・工具径や機械誤差などの各種補正並びに座標変換処理を行ない，さらに加減速の決定と補間処理を経て時々刻々の各モータの位置（角度）指令値を生成する．生成された指令値は，高速ネットワークを介してドライブユニットに伝送される．ドライブユニットは，指令値に従って主軸モータとサーボモータの電流を制御して，モータが組み込まれている工作機械を駆動する．

2. NC制御性能の進化

NCシステムは，近ごろのデジタル処理用ハードウェアの演算処理能力の向上や周辺技術の進化の成果を採り入れることにより，世代を追うごとにその基本性能が向上している．

2.1 指令の高分解能化

最新のNCには高速演算処理能力を備えた専用CPUが搭載されており，指令分解能がμmレベル（サブミクロン）からnmレベルに向上している．指令の高分解能化により，量子化誤差に起因する高速運動時の指令速度変動が抑制され，工作機械の高精度化に貢献している（図2）．また，金型などの自由曲面加工で必要となる微小線分処理能力も向上しており，最新

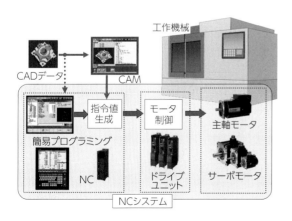

図1 NCシステムの構成

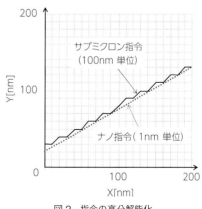

図2 指令の高分解能化

のNC[1])では270kブロック/minまでの高速処理が可能となっている.

2.2 サーボドライブの進化

サーボドライブは図3に示すように,指令通信手段,モータ検出器と共に進化してきている.

1980年代のアナログサーボの時代には,指令とフィードバック(検出値)が共にアナログであり,温度変化や電気ノイズの影響を受けやすく高精度化は困難であった.また,サーボゲイン(パラメータ)もアナログ回路で設定されており,調整作業が煩雑であった.

1990年代にサーボドライブはデジタル化され,指令とフィードバックにはパルス通信が用いられるようになり温度変化やノイズの影響を受けにくくなった.また,サーボゲインもデジタル化され,調整作業が格段に容易化された.しかしながら,通信能力やCPU処理能力による制限のため,指令やフィードバックの高分解能化は困難であり,また複数のモータ間の同期も厳密なものではなく,高いレベルでの高精度制御は困難であった.

2000年頃にはサーボドライブがネットワーク対応となった.指令およびフィードバックにシリアル通信が用いられるようになり,高分解能化と複数モータ間での高精度同期が可能となった.また,ネットワークを介しての複数サーボドライブの一括管理が可能となった.

最新のサーボドライブには,電気ノイズに強い光ファイバを媒体とする高速ネットワークが用いられており,指令と検出器の高分解能化とあわせて,より滑らかなNC加工が実現可能となっている.さらには,ポスト現代制御理論の成果を採り入れることにより,高速・高精度,かつ安定なサーボ制御が実用化されている.

また,低損失で高速スイッチングが可能なSiCパワーモジュールが適用されたドライブも実用化されており,高速主軸モータの駆動において,従来のSiパ

図3 サーボドライブの進化

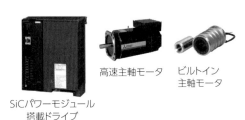
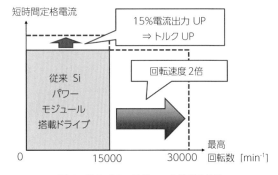

図4 SiCパワーモジュール搭載の効果

ワーモジュールを搭載した同じサイズのドライブに比べ，15%の高トルク化と100%の高速化を実現している[2]（図4）．

2.3 サーボモータの進化

サーボモータもサーボドライブと歩調をあわせて進化してきた．工作機械の送り軸に用いられるサーボモータは，初期のDCモータから誘導型ACモータを経て，現在は同期型ACモータが主流となっている．

DCモータの特徴としては，ドライブ側の回路構成が簡略で適用が容易であったが，整流用ブラシが消耗するため保守性に難があった．

誘導型ACモータは消耗するブラシがないため，DCモータに比べて保守が容易である．また永久磁石が不要であるため，構造的に堅牢であり高速回転が可能である．主軸モータとして，現在も主流である．

同期型ACモータはブラシが不要であり，かつ，高性能永久磁石の使用で小型高出力化が可能であるため，送り軸用サーボモータの主流となっている．一般的に同期型ACサーボモータには希土類磁石が使用されているが，磁石原材料の価格高騰の影響もあり，磁石使用量の削減に向けた研究開発が進められている．

3. 機械精度向上機能

3.1 モデルに基づく機械誤差補正制御

NCシステムでは，NCが生成した指令値に工作機械の各軸の位置が追従するように制御を実行する．各軸の位置は，モータに搭載されている回転角度検出器（エンコーダ），あるいは，可動ステージに設置されたリニアスケールにより検出される．ドライブユニットは，指令値と検出値の差に基づいてフィードバック制御を実行するとともに，指令値に基づくフィードフォワード制御を適用して高応答化を実現している．

しかしながら，実際の工作機械では構造部材やボールねじ等の駆動機構部品の弾性変形により，検出値と機械各軸の真の位置は必ずしも一致しない．検出値と

機械位置のずれ（機械誤差）は加工誤差の要因となる．そこで，最新のNCシステムでは，図5に示すように機械モデルに基づいて機械誤差を推定し，補正制御を実行することにより加工精度を向上させている．

一般的に，工作機械は高加速度運動時に弾性変形する場合がある．たとえば小円の高速加工時には，遠心力により剛性の低い軸が弾性変形して，円がμm単位で楕円化する機械誤差が生じる場合がある．このような機械では図6に示すように，機械モデル（ばね定数とイナーシャ）と指令値から計算される加速度から弾性変形量を推定して指令を補正することにより，楕円化を抑制することができる[3]．

高加速度運動時以外の定常的なボールねじの弾性変形は，移動方向に応じて指令値に補正値を加算／減算するバックラッシ補正により機械誤差を抑制可能である．ただし，すべり案内を採用した工作機械では比較的大きな摩擦のために，移動方向反転後の弾性変形量

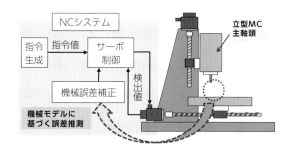

図5 機械モデルに基づく推定制御

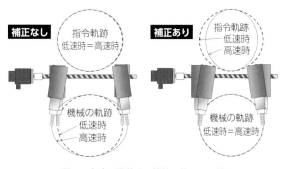

図6 高速円運動時の機械誤差とその補正

が反転後の移動距離に応じて徐々に増加する場合があり，従来のステップ状に変化するバックラッシ補正では過剰補正による食い込み現象が生じる．このような現象に対しては，図7に示すように非線形ばねと非線形ダンパを含む2慣性系で表現した機械モデルで誤差を推定して機械誤差を補正することができる[4]．

高速・高加速度運動での加工時には，機械振動により工作物の加工表面に縞目状の加工痕が生じる場合がある．このような場合には，NCシステムのサーボドライブにおいて，機械の振動モデルに基づいて振動を励起しないフィードフォワード指令を生成して制

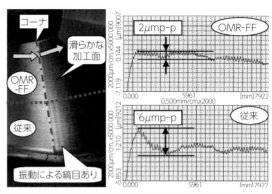

図9 機械振動抑制制御 (OMR-FF) の効果

御（OMR-FF 制御[5]：Optimum Machine Response - Feed Forward 制御，図8）することにより，図9に示すように加工誤差を抑制することができる．

この加工例では，従来制御の加工面でみられた縞模様（振動により生じた高さ $6\mu m$ の凹凸）が，OMR-FF 制御の適用により $2\mu m$ の凹凸に抑制されているのがわかる．

3.2 主軸と送り軸の同期制御

ねじ切りを行なう同期タップ加工では主軸と送り軸の同期が必要となるが，近年のNCシステムでは

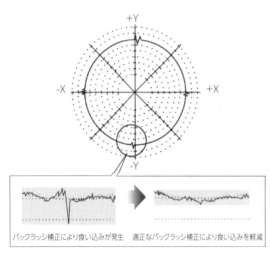

図7 漸増型バックラッシの補正

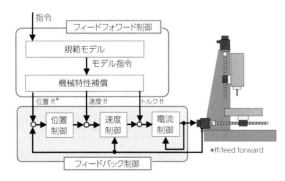

図8 OMR-FF 制御の構成

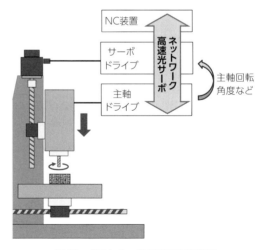

図10 主軸とサーボの高精度同期制御

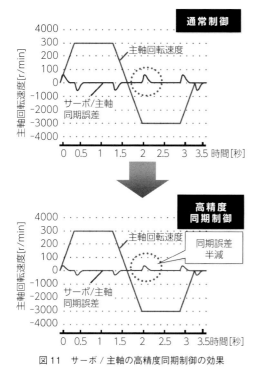

図11 サーボ/主軸の高精度同期制御の効果

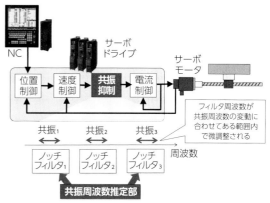

図12 機械共振抑制(ノッチフィルタ)

NC・サーボドライブ・主軸ドライブ間を高速光サーボネットワークで接続することにより高精度同期制御を実現している(図10).

一般的に主軸に比べて送り軸の方が高応答であるため,主軸と送り軸の同期した指令に対して主軸の方の遅れが大きくなり,主軸と送り軸の間に同期誤差が発生する.そのため,送り軸を制御するサーボドライブが,ネットワークを介して主軸の指令追従遅れを検知し,主軸の遅れに合わせて送り軸の動作を補正することにより同期誤差を抑制する.図11に動作例を示す.上段の通常制御では主軸回転速度の変化時に送り軸(サーボ)と主軸間に同期誤差が生じているが,下段では高精度同期制御を適用することにより誤差が半減している.

3.3 機械共振抑制制御

工作機械では,100Hz以上の比較的高い周波数に共振点を持つ場合があり,騒音や振動が発生したり,送り軸のサーボゲインを高く設定できないことがある.そのような場合には,サーボドライブの速度フィードバック制御ループ内にノッチフィルタを適用することで共振を抑制することができる(図12).工作機械によっては複数の共振点を持つ場合もあり,ノッチフィルタは複数の共振点に適用可能となっている.

ノッチフィルタには機械の共振周波数を正しく設定する必要があるが,最新のNCシステムでは,動作中のモータ電流あるいはモータ回転角度のフィードバック信号から共振周波数を推定して自動設定する機能を備えている.この共振周波数推定機能を応用して,共振周波数の経年変化にノッチフィルタを適応的に自動追従させることも可能である.

3.4 主軸モータの温度補正

工作機械には一般的に熱膨張による主軸変位を補正

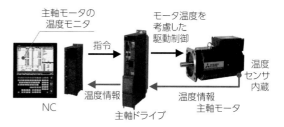

図13 主軸モータの自動温度補正

する機能が備わっているが，最新の NC には主軸モータの温度変化による出力トルクの変動を補正する機能も備えられている（図13）．

主軸モータに内蔵された温度センサ（サーミスタ）で計測した温度情報を主軸ドライブが読み取り，温度に応じて変化する電流とトルクの関係モデルに基づいて出力電流を補正する．とくに，モータが低温時の主軸加減速時間の補正に有効である．

4. 高速・高品位加工機能

4.1 高品位加工用最適速度制御（SSS 制御）

金型や携帯機器筐体などの曲面加工では，加工面の滑らかさが重視される．一般的に曲面加工用の NC プログラムは CAM で生成されることが多く，工作物に対する工具の曲線的な動きは微小線分で近似される．

このとき，もともとの滑らかな加工形状に対して，量子化誤差により近似後の微小線分指令にジグザグ形状や段差などの微小な誤差が混入してしまう場合がある．

NC はプログラムで指示された指令形状に高精度に追従するために，形状に応じて送り速度の加減速処理を行っている．カーブにおける自動車の運転と同様に，曲率の大きい曲線指令に対しては送り速度を低下させる．そのため，本来の滑らかな加工形状に対して，誤差による微小な凹凸が含まれる指令形状が与えられた場合，NC は不要な減速を行なってしまう．とくに走査線加工において，各走査線（指令経路）ごとに含まれる誤差の大きさが異なる場合には，走査線ごとに減速量に違いが生じて工作機械の動作軌跡にばらつきが生じ，加工面に筋状の加工痕が発生する場合がある．

このような課題に対応するために開発された機能が図14に示す高品位加工用最適速度制御（SSS 制御[3]: Super Smooth Surface 制御）である．本機能は，指令形状に対する大域的な形状判断に基づいて，微小な段差や逆行などの誤差の影響を抑制し，適切な送り速度を決定する．

この機能の適用により，指令形状に含まれる誤差やばらつきに影響されず，安定的に適切な加減速処理が実行される．その結果，指令経路ごとに形状の種類（直線，円弧）や指令速度が異なっていても滑らかな加工面を得ることができる．特に走査線加工において，隣り合う指令形状に含まれる誤差や微小線分の長さ，微小線分間の角度にばらつきがあっても，滑らかな加工結果を得ることができる．さらに軌跡精度が安定してばらつきが小さくなることから，送り速度を上げることが可能となり，加工時間を短縮することができる．

4.2 工具先端点制御

航空・宇宙産業用部品などの複雑な形状を加工可能な，直進3軸と回転2軸を有する5軸工作機械の普及が進んでいる．5軸加工機用 NC では，直線補間において回転軸が移動しても，工具先端が工作物に対して指令した送り速度で直線移動するように各軸を制御する．これにより，工具先端点の軌跡を滑らかなものとして，高精度な5軸加工を実現している．図15に3種類の5軸加工機の構成における，工具先端点制御の例を示す．

高品位加工用最適速度制御（SSS 制御）を同時5軸制御（工具先端点制御）に適用することも可能である（図16）．CAM が出力した不揃いな指令経路を補正し，工具先端点の軌跡を滑らかに接続する．回転軸指令（工

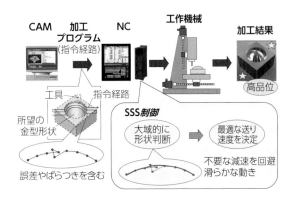

図14　高品位加工用最適速度制御（SSS 制御）

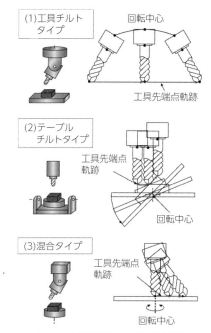

図15 5軸加工機の工具先端点制御

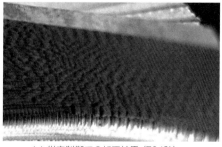

(a) 従来制御での加工結果（784秒）

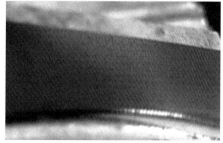

(b) 同時5軸SSS制御での加工結果（396秒）

写真17 同時5軸SSS制御の効果

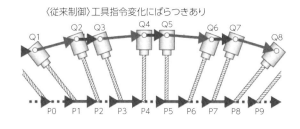

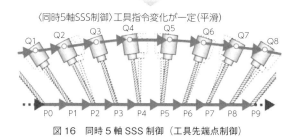

図16 同時5軸SSS制御（工具先端点制御）

具姿勢変化）を平滑化し，回転軸を滑らかに動作させることで，工具に発生する振動が抑制できる．回転軸移動量のばらつきの影響を受け難い速度制御により，高品位な5軸加工が実現可能である．

SSS制御を直動軸だけでなく回転軸も含めて適用し，さらに軸ごとの速度，許容加速度などの制約条件を考慮して最適な送り速度を計算することにより，高品位かつ高速な5軸加工が実現できる．**写真17**に加工例[6]を示す．従来制御では加工面に加工痕が認められ，かつ加工時間が784秒であったが，同時5軸SSS制御の適用により加工面の加工痕が解消され，しかも加工時間が396秒に短縮される効果が確認されている．

5. 使いやすさの向上

工作機械の制御装置であるNCシステムは，生産性向上や加工精度向上に加えて，熟練オペレータが不足しているアジア諸国など，海外での需要増加を背景に使いやすさを向上させる機能面でも進化を続けている．

5.1　5軸加工機の工具ハンドル送り

5軸加工機は動作が複雑であるため，非熟練オペレータは取り扱いに注意を要する．工作物を機械に取り付ける段取り作業においては，ハンドル送り（手動）で工具を移動させる必要があるが，最新のNCではNC側での座標変換処理により使いやすさが向上している．傾いた被加工物の姿勢に対して，工具の径方向をX軸またはY軸に指定して，その方向にハンドル送りが可能である（図18）．また，工具先端点を停止させて，工具姿勢のみを変更（回転）することも可能である．

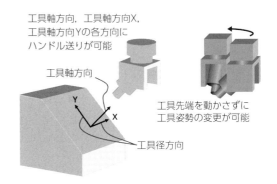

図18　5軸加工機の工具ハンドル送り機能

5.2　5軸加工機の傾斜面加工

5軸加工機は動作が複雑であるため，NCプログラム作成にも注意が必要である．その点に関して最新のNCでは，傾斜面加工機能を活用することでプログラム作成を容易化できる．機械の基準となる座標系に対して回転および平行移動した座標系（フィーチャ座標系）を定義することが可能であり，その座標系を含む任意の平面（傾斜面）に対して通常の3軸加工機向けプログラミングでの加工が実行可能である．すなわち座標系の回転（被加工物および工具の姿勢角変化）を意識せずにプログラムを作成することができる（図19）．

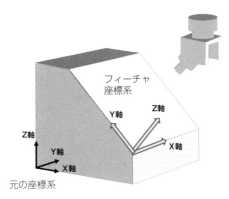

図19　5軸加工機の傾斜面加工機能

5.3　機械干渉チェック機能

上記の手動運転やNCプログラミングを容易化する機能のほかに，機械内の衝突を未然に防止する機能を備えている．機械モデルと登録された工具モデルを用いて3Dシミュレーションを実行して機械内の干渉をチェックし，手動運転あるいは自動運転において，衝突する前に機械を減速停止させる．機械干渉が検知された場合には，シミュレーション画面上の干渉部位の色が変化して表示される（図20）．

図20　3次元の機械干渉チェック機能

5.4 プログラム作成支援機能

最新のNCにはプログラム作成を容易化する支援機能が搭載されている．簡易プログラミング機能（図21）を使用すれば，画面から加工工程を選択して必要なデータを入力するだけで，工程ごとのプログラムが自動生成される．マシニングセンタ用と旋盤用があり，作成されたプログラムの工具指令経路を画面表示して確認することも可能である．また，オペレータのプログラム入力・確認作業を支援する機能も搭載されており，たとえば小数点入力のミスが警告表示される．

また，図22に示す3次元加工シミュレーション機能を利用すれば，複雑なNCプログラムによる加工結果も事前にグラフィクスで確認できる．

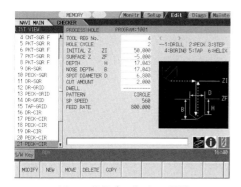

図21　簡易プログラミング機能

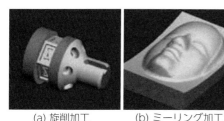

(a) 旋削加工　　(b) ミーリング加工
図22　3次元加工シミュレーション

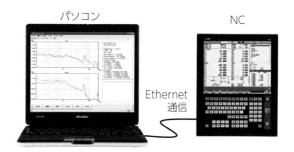

図23　サーボ調整支援ツール

5.5 サーボパラメータ調整支援機能

NCシステムでは工作機械に合わせてサーボドライブのパラメータを適切に設定する必要があるが，調整支援ツール（図23）を用いれば調整作業が簡略化できる．調整用のNCプログラムもしくは加振信号を用いてモータを駆動し，そのときの機械特性を計測／解析することによりサーボパラメータの自動調整が可能である．主な調整機能として工作機械周波数応答（ボード線図）測定表示，速度フィードバックゲイン調整，位置フィードバックゲイン調整，ノッチフィルタ設定，加減速時定数調整，真円度調整，サーボ時間応答波形計測表示などが可能である．

5.6 機能安全への対応

最新のNCシステムは，欧州を中心に需要が高まっている安全規格"EN ISO 13849-1（PL d, Cat.3）"，"EN 62061: 2005（SIL CL2）"に適合しており，簡単に機能安全システム[1]を構築可能である（図24）．安全通信に対応した安全IOや安全対応検出器がラインナップされており，省部品・省配線で安全規格に対応可能である．また，SLS（安全速度監視），STO（安全トルク停止），SLP（安全位置監視），SBC（安全ブレーキ制御）などの安全機能に対応している．

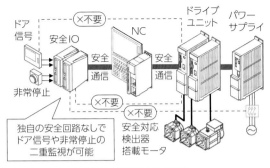

図24　機能安全システム

6. NCの今後の展開

　工作機械の制御装置であるNCシステムは，デジタル処理用ハードウェア（CPU）など周辺技術の進化とも歩調をあわせて，生産性向上や加工精度・加工品位向上を進めてきている．さらに，近年の製造業のニーズである変種変量生産対応，国内における熟練オペレータの減少や工作機械需要が急増しているアジア諸国等海外における熟練オペレータ不足に対応するため，使いやすさの面でも進化している．たとえば，最新のNCには19型の大型タッチパネルが採用されており，スマートフォンのような直感的操作が可能となっている．

　今後もIoT（Internet of Things）などのIT技術を取込み，市場の変化に迅速に対応できる柔軟な生産システムの実現に向けてNCシステムは進化を続ける．

<参考文献>
1) 中村直樹ほか：最新モデルCNC"M800／M80シリーズ"，三菱電機技報，Vol.89, No.4 (2015), p.43
2) 田辺章ほか：NCサーボ・主軸駆動ユニット"MDS-D2/DH2/DM2シリーズ"，三菱電機技報，Vo.87, No.3 (2013), p.19
3) 佐藤智典ほか：高精度金型加工制御機能，三菱電機技報，Vol.77, No.6 (2003), p.27
4) 杉江弘ほか：工作機械における漸増型ロストモーションのモデル化と補償，システム制御情報学会誌，45巻3号 (2001), p.117
5) 長岡弘太朗：高速高精度加工のためのNC技術，2014年度精密工学会秋季大会学術講演会講演論文集 (2014), p.699
6) 中村直樹ほか：5軸加工における高速・高精度制御方式の開発，機械学会生産システム部門研究発表講演会 (2008), No.3301

10 NC工作機械の運動誤差と精度評価

1. 運動誤差とは

工作機械を用いた加工では，機械の精度が工作物の加工精度に転写される（母性原理）．たとえば，直線部分を加工する場合には機械の送り運動（直進運動）が正確でなければ，工作物の真直度は，それに応じてよくなるはずがない．

切削加工では工具と工作物に相対運動を与えるので，そこにはかならず動きが存在する．上述の直進運動に関しても，少し動いて止まり，また少し動いて止まるといった動きの正確さが要求されることもあれば，連続的に動いているときの速度の正確さが要求されることもある．前者は「静的精度」，後者は「動的精度」と呼ばれる．静的精度に関して「JIS B 6191」では，表1のような項目を扱っている．

真直度，平行度，直角度という項目が見られるが，これは通常は加工された部品の幾何精度を規定するものであり，機械製図でよく使われる概念である．しかしここでは，「運動の…」という項目が存在していることに注目してほしい．運動誤差は，機械の構成要素に誤差があることなどにより，結果として現れるものである．

さらに静的精度とは別に，位置決め精度という概念も存在する．これはたとえば，複数の穴をドリルであけるときに，ドリルを軸方向に送る前に位置を決めるときの精度に関係するものである．JIS規格では静的精度試験とは別に位置決め精度試験方法が定められている（JIS B 6190-2）．しかし，位置決め精度試験は機械が静止した状態の位置を測定して誤差をみるので，静的精度試験の一つともいえる．

動的精度とは，機械が運動している際の精度である．工作機械には「主軸」と呼ばれる回転軸があり，工具または工作物を回転させて加工を行なうが，その回転精度が大変重要であり，JIS B 6190-7として試験方法やデータ処理法が規定されている．

静的精度も同様であるが，動的精度は工作機械の機種によって必要となる精度の種類や大きさが異なるので，機種別に検査方法が定められている．たとえば，MCにおいては表2のような項目があり，第1部〜第3部が静的精度，第4部が位置決め精度，第6部及び第8部が動的精度試験を扱っている．

ちなみにここまでJISの検査規格を紹介してきたが，機械の精度検査法を規格化する目的としては，カタログなどで精度を紹介する際に決められた検査法で

表1 精度試験項目

真直度	・平面内または空間内の線の真直度 ・構成要素の真直度 ・運動の真直度
平面度	
平行度，等距離度および一致度	・線と面の平行度 ・運動の平行度 ・等距離度 ・同軸，一致度またはアライメント
直角度	・直線と面の直角度 ・運動の直角度
回転精度	・振れ ・周期的軸方向の動き ・端面の振れ

表2 MCの検査条件（JIS B 6336）

第1部	横型及び万能主軸頭をもつ機械の静的精度（水平Z軸）
第2部	立て形及び万能主軸頭をもつ機械の静的精度（垂直Z軸）
第3部	固定又は連続割出万能主軸頭をもつ機械の静的精度（垂直Z軸）
第4部	直進及び回転運動軸の位置決め精度
第5部	パレットの位置決め精度
第6部	送り速度，主軸速度及び補間運動の精度
第7部	工作精度
第8部	直交3平面内での輪郭運動性能の評価
第9部	工具交換及びパレット交換時間の評価
第10部	熱変形試験

行なわれた数値（誤差）を見れば，その機械がどの程度優秀かということが客観的にわかるからである．

また，「誤差（error）」とは真の値からの逸脱を表したものであり，最近は「偏差（deviation）」という言葉も使われる．それに対して，「精度（accuracy）」とはもっと全体的な概念で，精度が良い，悪いといった使い方がなされる．

2. 誤差の種類と補正

さて，誤差が存在する機械で加工すれば，その誤差は工作物に転写されるので好ましくないと初めに記した．従って誤差を小さく，できればゼロにすればよいのだが，なかなかそれは簡単でない．機械製図にも公差という概念があり，ある程度のばらつきが存在するのは仕方のないところである．

ところで，誤差には2種類のものが存在する．一つめは「系統誤差（systematic error）」といい，偶然によらない一定の傾向を持った誤差である．機械の構成要素（部品）が曲がっているため，動きがそれに沿って曲がるならば，これは系統誤差であるといえる．それに対して「ランダム誤差」というものがある．偶然誤差と称されることもあるが，これは要するにどちらにどれだけ出るか，わからない誤差である．

さて，自動化された工作機械はコンピュータにより数値制御されるが，誤差の現れる方向と大きさがあらかじめ予測できればその分を考慮して動かせば，見かけ上誤差はゼロにすることができる．このことを「補正（compensation）」という．予測できる誤差は系統誤差のことであり，なぜそのような誤差が現れるかがわかっていなければならない．

NC工作機械のもっとも原始的な補正機能にバックラッシ補正というものがある．バックラッシとは歯車やねじのすきま（遊び）のことであるが，工作機械の位置決めにおいては，たとえば左から右に移動させたときの位置と，右から左に移動させたときの位置が異なる現象（JISの用語では「両方向位置決め偏差」といわれる）を補正する機能に使われる（**図1**）．

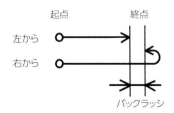

図1 バックラッシ補正

ところが，この現象は単なる送りねじの遊びで生じるものではなく，送り駆動系の各要素の状態が複雑にかかわっている．そのため，NC補正に使われる値は，それらの状態によって変化させなければならない．ここで，移動方向による位置の変化は必ず生じるので系統誤差なのだが，その量は状態により変化するためランダム誤差と言えるかもしれない．機械の状態をこと細かにモニタリングしてやれば完全に補正することは可能であるが，それはコストに見合うかどうかなどの判断も必要となってくる．

機械の熱変形とその補正も悩ましい問題である．機械を構成する要素には鉄鋼材料などを使用するため熱により伸縮するので，とくに直角狂いなどが生じることが多い．これも，すべての構成要素の温度が完璧に把握できればシミュレーションにより変形量を導き出すことができるかもしれないが，それは無理なことであり，ある程度の統計的処理を行なってコストパフォーマンスのよい補正法を構成する必要がある．熱変形だけでなく，工作物の重量や切削力による弾性変形についても，同様のことがいえる．

3. ボールバーを用いた機械の運動誤差測定

[1] 誤差測定法としての円運動測定[1]

ここまで，工作機械に誤差が存在し，その誤差が系統誤差であればNCにより補正することが可能であるということを紹介した．

ところが，上述の両方向位置決め誤差のように，ある誤差は系統誤差のように見えるが，実際には原因が

複雑であり，補正しようとしても失敗する場合があるかもしれない．また逆に，原因は完全に判明しているが，誤差の現れ方がランダムであるため補正できないということも起こりうる．

とにかく，機械の運動誤差を測定して，その誤差原因を把握するといったことは重要である．ところが，最初に紹介した静的精度の測定は，機械の動きを止めて誤差を測定するので，実加工のときの状態と異なることが多い．そのため，JISでは工作精度試験が定められているが，そこで行った試験では機械の大まかな優劣は判断できても，運動誤差の存在やその原因などを知ることがほとんど不可能である．

MCなどのNC工作機械は，直交3軸を装備して空間上の点へ移動する指令を与えることができる．たとえば，XY平面上で円運動をさせることも可能である．1980年ごろ，機械の円運動（円弧補間送り）の精度を測定する2通りの装置が開発された．

(1) マスタとなる高精度な円板を用意して比較測定する方法（**図2**）．

(2) 球を磁石で固定，回転させてマスタとして使用する方法である．これらによって，機械の送りを与えたままの誤差を測定できるので，静的精度測定より実際に近い機械の状態の精度を求めることができるようになった．

機械に直線運動を与えるのではなく円運動を与える大きな利点としては2つあり，①円形状は単純であり高精度に測定することが可能であることと，②必ず直進軸の反転動作が含まれることである．

現在主に使用されている装置は，(2)の球を磁石で固定，回転させるものが主流であり（**写真3**），JIS規格ではボールバー（一般にはDBB：ダブルボールバーとも呼ばれている）として紹介されている．

写真3において，伸縮機構が内蔵されその伸縮量が検出できるバーの両端に高精度な球を配置し，それぞれの球をテーブル側と主軸側に磁石で吸着させる．次に，テーブル側の球を中心として，主軸側の球中心を円運動させるようなNCプログラムを作成し，機械を

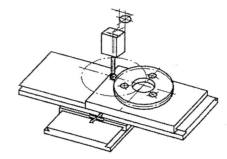

図2 円板法による円運動精度測定

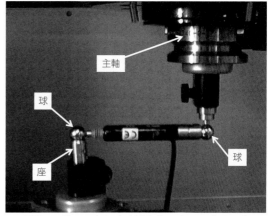

写真3 ボールバーによる較正（レニショー「QC10」）

動作させる．機械が完全に誤差なく動けばバーは伸縮することなく回転するはずである．実際には運動誤差が存在するためバーは伸縮するのでその量を読み取り，記録する．伸縮量を極座標系で拡大表示して記録させて，評価を行なう．

図4はボールバーによる典型的な測定結果を示したもので，90°ごとに見られる突起は送り機構に存在する摩擦のために一時的に運動が止まることにより生じるので，反転直後に現れる．従って反時計回りCCW方向の測定での突起と時計回りCW方向の測定での突起は図のように微妙にずれて現れる．このような現象も頻繁に生じるので，**図4**の運動誤差軌跡を描画させる場合は，CWとCCWの両方の運動をさせて，同じ図に描くことが重要である．また，データのサンプ

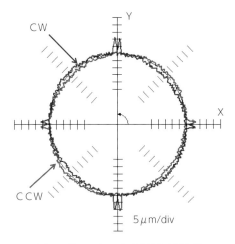

図4 ボールバーによる典型的な測定例

リングレートは1周で2000点もあれば十分である．

機械の検査規格では，JIS B 6190-4 に規定されているように，運動誤差軌跡から軌跡の最小領域円半径差＝真円度 G，CW方向と CCW方向との軌跡の間隔で決まる双方向再現性＝ヒステリシス H の大きさをもって機械の性能を評価する．それに加えて，CW方向の測定を2回行ない，両者の軌跡の間隔で決まる一方向再現性を見ることで機械のランダム誤差の存在をみたり，軌跡の高次の振動成分（高次山成分）の大きさをみることで NC装置周辺の安定性を評価することもできる．

総合的な測定精度は $0.5\mu m$ 程度であり，精度を悪化させる原因としては球の精度，球を受けている磁気座の回転精度，磁気座の支持剛性などが挙げられる．球中心間の距離は100mmが基本で，それ以上の半径で測定したい場合はバーを延長すればよいのだが，一回の測定時間が長くなるので，大形の機械を測定する場合は数箇所で測定する方がよい．逆に小形の機械で，半径100mmでの円運動ができないときは変位計部分を2つの球の外側に配置するジグが販売されているが，重量バランスが崩れるので測定精度に注意が必要である．

[2] ボールバーを用いた運動誤差原因の診断[2〜4]

図4の運動誤差軌跡の真円度で機械の優劣はある程度判断できるのだが，円運動測定のもっともよいところは，運動誤差軌跡の特徴をうまく捉えれば機械の誤差原因が判明し，機械の修理や調整に役立てることができるというところにある．そのためには，まずボールバー測定で得られる誤差軌跡が何を捉えているかを知らなければならない．

NC工作機械のある時点での指令値 (X, Y, Z) と真の座標系での実際の位置の差を誤差ベクトル $C=(Cx, Cy, Cz)$ とし，バーの伸縮を ΔR とすると，

$$\Delta R = (XCx + YCy + ZCz) / R \quad (1)$$

という式が成り立つ．要は，バーの向いている方向しか誤差として検出しないということであるが，(1) 式はシミュレーションを行なうのに重要である．

(1) 式を用いて，機械にある特定の誤差原因が存在すれば，どのような運動誤差軌跡が現れるかをあらかじめ用意しておく．この誤差軌跡のことを「軌跡パターン」という．そして，実際に測定された運動誤差軌跡から，軌跡パターンを抽出することにより機械の誤差を特定できる．ただし，類似の軌跡パターンが存在するので，断定することができないかもしれない．従ってこの作業を「誤差軌跡診断」と称する（図5）．

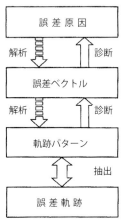

図5 誤差原因診断の原理

表3　診断手順

[1] 各平面CW方向とCCW方向の誤差軌跡の中間をおおまかにたどった軌跡を求める．
　　　　位置のみに依存する誤差が典型的に現れる．
　　(1-1) [各平面45°方向楕円] 2軸間の直角度誤差・基礎の据え付け不良
　　(1-2) [XY平面0°方向楕円] スケールの不一致（伸縮）
　　(1-3) [各平面異常形状]
[2] 象限切換の際のパルス状突起，段差の大きさと特徴をよみとる．
　　(2-1) [各軸象限切換時段差] バックラッシ，ロストモーション，送り方向に依存する回転誤差
　　(2-2) [各軸象限切換時パルス状突起] スティックモーション
[3] 周期的な誤差（波）など象限切換時以外に一定位置で生じる軌跡パターンの特徴をみる．
　　(3-1) [各軸象限切換外段差・パルス状突起] 位置検出系の傷
　　(3-2) [各軸周期的誤差] ボールねじピッチエラー・角度検出器の不備・スティックスリップ（再現性・周期性はない）
[4] 各平面CW方向とCCW方向の誤差軌跡を比較する．・・・送り方向に依存する誤差を判断する．
　　(4-1) [各平面最大間隔] 位置をみる・・・位置ループゲインの不一致
　　(4-2) サーボの応答遅れによる半径減少量・・・送り速度の2乗に比例
　　(4-3) スティックスリップ・・・送り速度を変えると位置が変化
　　(4-4) (4-5) (4-6) 回転誤差の軌跡パターンを検出（ローリング，ヨーイング）
　　(4-7) 送り速度が大きくなると，垂直方向に軌跡が移動する・・・動圧による摺動体の浮き上がり
[5] XY平面の2回のCW方向の軌跡から特に変わったことがないかをみる．・・・機械の誤差としては，再現性のない誤差
　　(5-1) [その他の再現性] DBB測定装置の異常チェック，座の取付方法などのチェック

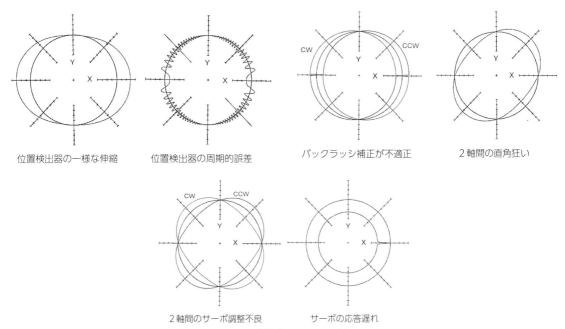

図6　誤差軌跡パターンの一例

この際，実際に軌跡のどこに注目すればよいかをまとめたものを表3に示す．軌跡パターンの一例は，上述の JIS B 6190-4 にも記載されているが，CW 方向と CCW 方向の軌跡が一緒に描かれていないので不便である．JIS に記載されているのと同じ原因のものを図6に例示する．

ここで，表3に基づき，図4に示した運動誤差軌跡を診断してみると，

[1] 両方向の中間の軌跡をおおまかにたどった軌跡はほぼ真円である．
[2] 象限切換（縦軸，横軸と交わるところ，90°ごと）においてパルス状の突起が存在するので，スティックモーションがやや大きい．
[3] 一定位置で生じる軌跡パターンはとくにみられない．
[4] CCW 方向と CW 方向の軌跡は，45°方向で少し開いているので，2軸間の位置ループゲインに不一致が見られる．

といった具合である．

4. 高精度な運動誤差の測定を目指して

前項で紹介したボールバー測定装置は，装置自体が堅牢であり，長く使用していると球や磁気座は消耗して測定精度が悪くなるが，これらの部品は交換可能なので，現在，工作機械の組立・調整現場では広く使用されている．しかし，昨今のように機械の小型高性能化が進んでくると，工作機械自体も小型高精度化が進行するので，ボールバーの基本的な仕様である直径200mm の円運動測定，0.5μm の測定精度というのは適当でなくなってきた．

そこに，機械の位置決めスケールに使用される光学式リニアスケールの格子を，十字に交差させ，2次元座標を読み取れるようなものが表われた．この光学スケールは，半導体製造装置のボンディングマシンの平面位置検出用に開発されたものだが，工作機械のテーブルに平面スケールを設置し，工具側に位置検出ヘッドを取り付けることにより平面上の位置検出が非接触

で可能となった（写真7）．開発元はドイツの会社であり，交差格子スケールのドイツ語の頭文字をとってKGMと一般的に称されている．

現在市販されている交差格子スケールはスケールピッチが8μm のもので，信号を電気的に内挿・分解することにより 10～20nm 程度の測定精度は問題なく実現できる．大面積のスケールは製作が難しいので，現在使用されているのは直径 230mm のものである．小型工作機械用にスケールを小さくするのは問題ない．

交差格子スケールを使用して，レンズ金型加工用の超精密加工機の精度検査を行なった[6]．被測定機は最小指令 10nm，案内にはニードルベアリングを使用していた．

半径 20mm で円運動測定を行なった結果を図8に示す．左半分で CW 方向と CCW 方向の軌跡に開きが見られるが，これは摺動体の姿勢変化が原因であり，ベアリングの予圧調整を行なった結果，右図のように軌跡の不一致はかなり小さくなった．

また，交差格子スケールを使った運動誤差の測定の大きな長所は，測定軌道が円に限らないことである．初期には円軌道以外の自由形状を測定し結果を示すソフトウェアが開発されていなかったため，図9のように一部のみ直線運動に変更して測定した．左の直線

写真7　交差格子スケール（ハイデンハイン）

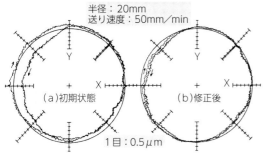

図8 超精密加工機での測定結果

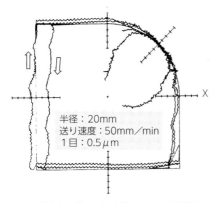

図9 超精密加工機での測定結果(一部直線軌道)

運動(Y軸)について,行きと帰りが開いているのは上述の理由であるが,一定の周期で波打っているのが見てとれる.この周期は適切にニードルベアリングのピッチと一致していたため,適切な対策をたてることができた.

KGMは測定精度がよく,円軌道以外の任意の平面上の運動が測定できるのが利点であるが,反面,次のような欠点がある.

(1) 装置が衝撃に弱い

図7におけるスケールとヘッドとの間隔の推奨値は0.5mmであり,実際には1mm程度離れていても測定可能であるが,被測定機械の操作ミスでヘッドをスケールに接触させることがよくある.現在,スケールはガラス製で破損すると高額の修理費がかかるため,KGMを現場の組立ラインや最終調整に使用している

メーカーはなく,問題が生じたときにのみ特別に慎重に扱って測定を行なっている.

(2) ヘッドとスケールの位置関係は,あくまでも平行移動に限る

ヘッドは主軸に取り付けて測定することが多いが,主軸が少しでも回転すれば信号エラーとなる.これはボールバーでも同様で,ボールバーの主軸側の球はほぼ主軸中心に位置しているが厳密に一致していないので,主軸の回転を固定する必要がある.しかしKGMの場合,回転するのではなく傾いても信号エラーが生じてしまう.エラーが生じないまでも正弦波信号が乱れるので,信号を内挿して高分解能で測定しようとしても精度が出ないことになる.後述の5軸制御工作機械のように,主軸を固定していても主軸とテーブルの位置関係に回転運動が含まれる場合は,測定できないことになる.

現在では,KGMのように外付けの位置検出スケールを用いた測定を行なわなくても,機械の送り駆動系に使用しているエンコーダ信号を記録し,処理することで同様の測定が行なえる.たとえばFANUCのサーボガイドのように機械の調整には,なくてはならないものとなっているが,工具先端の位置・運動を測定しているわけではないので,上述のような案内のガタや周期的誤差の検出には使うことができない.

5. 多軸制御工作機械の運動誤差測定

[1] 5軸MCの精度概論

工作物に対する工具の姿勢を自由に変えて加工できる機械の需要が増加している.このような機械のことを5軸機,多軸制御機などといろいろな用語で呼称しているが,これらの機械の運動誤差の測定法について最近JIS化されることになった.規格化の際,名称は「5軸MC」とし,MCの一種として扱われることになった.

かつては,5軸MCの精度はあまりよくないとの一般認識があった.これには以下の理由がその背景に

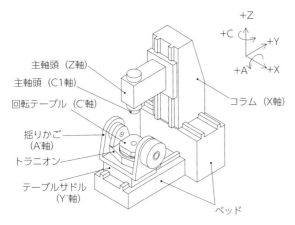

図10 テーブル旋回形5軸MC

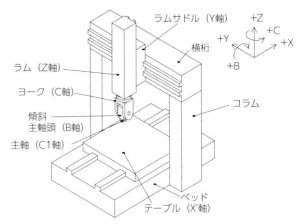

図11 主軸頭旋回形5軸MC

あると考えられる.
(1) 機械の構造が複雑で,制御軸数が多いため組立誤差が重なり合って精度が悪くなる.
(2) 機械の運動誤差の検査方法が確立していない.これについては後述する.
(3) テーブル回転形の5軸MC(**図10**)の回転軸中心は熱変位しやすいが,それを十分理解せずに加工計画を立てる.

高精度加工を専門としているところでは,精度の要求される加工を行なう際には,かならず直前にテーブルの回転軸中心を測定してパラメータに設定しているが,そのことを知らずに漫然と加工すると誤差が大きくなる.

[2] 従来の運動誤差測定規格

5軸MCの運動誤差の検査方法が確立していないと前述したが,実は主軸頭に旋回2軸が存在する機械(**図11**)についての静的精度の測定法は,ある程度のところはJIS B6336-1などに存在した.ただし,この方法では機械の精度評価ができないので,1969年制定の古い規格であるNAS 979規格を使用していた.

そのなかでも,円錐台を同時5軸でエンドミルを使用して側面加工するという試験方法が,最も一般的であった.

ところが,NAS979という規格自体,主軸頭旋回形の機械を対象とした検査規格であり,それを図10のようなテーブル旋回形の機械に適用しようとすると,どこかで曖昧に条件設定をしなければならなくなる.

[3] 新しい5軸MCの運動誤差測定規格

2014年末から2015年にかけて,つぎの3つの5軸MCの検査規格が正式に発行され,従来のMCの試験法の附属書として5軸関連の検査が加えられている.
(1) JIS B 6336-1(横型MCの静的精度試験法)
(2) JIS B 6336-6(送り速度,補間精度)
(3) JIS B 6336-7(工作精度)

このうち(1)については,従来からあった試験法を,5軸MCの構造を考慮して必要な精度検査項目をまとめ上げたものである.測定装置としては直定規,直角定規,ダイアルゲージなどを使用する.

第6部の補間精度に関しては,ボールバーなどを用いた同時3軸補間送りの誤差測定が中心となっている[5,7].これはたとえば**図12**のように,回転C軸に同期させてXY直進2軸を円弧補間で動かせ,その際のバーの伸縮を記録すれば,XY平面とC軸の直角度が運動誤差軌跡(**図14**)に現れるというものである.**図13**において,テーブル上のX座標であるX_B軸が軸X_X軸と角度誤差β_{BX}を持っているため,バーは+

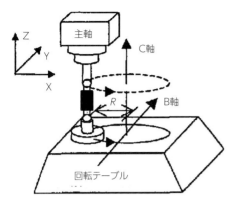

図12 X, Y, C, 同時3軸測定

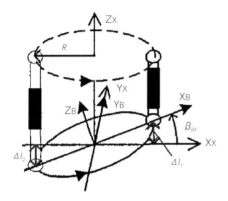

図13 XY平面とC軸の直角度

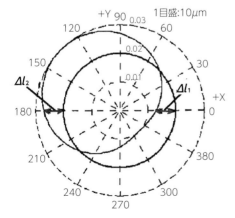

図14 得られた運動誤差軌跡と直角度の関係

方向では Δl_1 だけ縮み,−方向では Δl_2 だけ伸びる.**図14**では実際の機械で測定した結果を示しているが,X軸に関する角度誤差だけでなく,Y軸に関する角度誤差も見てとれる.

XY平面とC軸との直角度のような静的パラメータが,回転軸1軸に対して4つ存在するため,5軸MCでは8つのパラメータを求めて補正する必要があるといわれている.これらのパラメータのうち,回転軸の位置偏差に関する4つのパラメータは通常のNCパラメータであり,残りの4つの角度偏差のうちの一つは基になる回転軸の初期位置で簡単に設定,変更可能だが,それ以外の3つの角度偏差については,高度なNC補正が必要となってくる.ちなみに,**図12**のような測定はボールバーでなくても球1個と変位計があれば可能である.

さらに,NAS979の円錐台加工に関しては,第6部でボールバーを使用して実加工なしで行なう方法[8]~[10]と,第7部で実際にエンドミルを使用して加工する方法の2通りが規格化された.

上述のように回転軸がテーブル(工作物)側,主軸側のどちらに存在するかの場合分けを行ない,それぞれについて厳密に運動条件を定めている.しかし測定した結果をみても,機械のどこに誤差原因が存在するかが明確でないため,補正作業には使えず,結果的に精度向上につながらないようである.この検査方法は,NAS979が忘れ去られるまでのつなぎとして記録されるであろう.

< 参考文献 >

1) 垣野義昭,井原之敏ほか:NC工作機械の運動精度に関する研究(第1報)DBB法による運動誤差の測定と評価,精密工学会誌,52巻7号(1986),p.1193
2) 垣野義昭,井原之敏ほか:NC工作機械の運動精度に関する研究(第2報)DBB法による運動誤差原因の診断,精密工学会誌,52巻10号(1986),p.1739
3) 垣野義昭,井原之敏ほか:NC工作機械の運動精度に関する研究(第3報)サーボ系の性能が運動精度に及ぼす影響,精密工学会誌,53巻8号(1987),p.1220
4) 垣野義昭,井原之敏ほか:NC工作機械の運動精度に関する研究(第5報)回転誤差原因の診断法,精密工学会誌,55巻3号(1989),p.587
5) 垣野義昭,井原之敏ほか:NC工作機械の運動精度に関する研究(第

7報）DBB法による5軸制御工作機械の運動精度の測定，精密工学会誌，60巻5号（1994），p.718
6）垣野義昭，井原之敏ほか：交差格子スケールを用いた超精密NC工作機械の運動精度の測定と加工精度の改善，精密工学会誌，62巻11号（1996），p.1612
7）黎子椰，垣野義昭ほか：5軸加工機における回転軸系の運動誤差原因の診断に関する研究（第1報）回転誤差の診断法と診断手順，精密工学会誌，69巻5号（2003），p.703
8）井原之敏，田中和也：多軸工作機械での円錐台加工試験に対応したボールバー測定法（第1報）主軸旋回形5軸MCでのボールバー測定と実加工との比較，精密工学会誌，71巻12号（2005），p.1553
9）加藤教之，堤正臣ほか：同時5軸制御による円すい台仕上げ加工試験用NCデータの解析，日本機械学会論文集C編，77巻780号（2011），p.3149
10）加藤教之，堤正臣ほか：円すい台加工を模擬した5軸制御MCの3次元円弧補間運動軌跡の解析，日本機械学会論文集C編，78巻787号（2012），p.964

11 工作機械の仕様と技術動向

1. NC工作機械の進化[1]

産業革命以後の高能率化や大量生産の要求に従い，加工内容に応じた個別の工作機械（いわゆる単能機）である旋盤，平削り盤，フライス盤，中ぐり盤，歯切り盤，研削盤など約100種類もの多様な工作機械が開発されてきた．

切削工作機械の基本形態として旋盤とフライス盤があり，これらの機械に位置決め動作のデジタル化制御装置としての数値制御装置（NC装置）を付加したものがNC旋盤であり，NCフライス盤と呼ばれる．NCフライス盤をベースに，自動化・無人化機能として自動工具交換装置（ATC）を付加して加工の自動化・夜間無人運転化を実現したのがマシニングセンタ（MC）であり，いまや全切削型工作機械の1/3強を占めている（図1）．

一方，全切削型工作機械生産高の約1/3を占める旋盤にも独自の進化が見られる．すなわちMCと同様に，主軸や工具軸の多軸化さらには工具が回転するミーリング機能を付加したNC旋盤として，ターニングセンタがある．そして，ターニングセンタのミーリング機能をさらに強化し，よりMCの加工能力に近づけたものとして複合加工機（後述 **12章3節**参照）がある．

このように，自動化工作機械およびNCに対する多機能化・複合化の要求に応じて汎用工作機械は徐々に集約され，現在のようにNC旋盤（複合加工機を含む）とMCが中核機種となるに至った．この潮流の始まりはまさに高度成長期の1970年代にさかのぼる．

NC旋盤やMCが量産ラインに導入され始めると，生産性の向上を目指して生産現場からのさまざまなニーズに応えた研究開発が行なわれ，自動化・無人化・

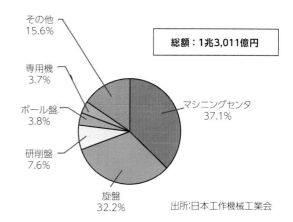

図1 機種別受注額構成（2008年）

高能率化が飛躍的に進められた．1980年代当時，顧客要求に対応するための技術課題を集約したものを**表1**に示す．

当時の社会的背景，国際環境そして当時の先端技術分野の動向が如実に反映されている．現在の工作機械の仕様・性能と比較することにより，課題や項目によっては消滅したもの，新たに製品化されたものもあり，その技術的理由や社会的背景を考察することにより，工作機械技術の進展をより深く理解することができる．

1980年代のこの表に示されていない項目としては環境対応，リニアガイド，安全対応，金型CAM，ISO9000・14000などがある．

当時のNC旋盤の技術課題と開発動向は**図2**に示す通りで，基本性能の追求とフレキシビリティの追求をメインテーマに，NC旋盤の多機能化と同時に各種支援技術を取り込みながら，複合化，自動化，システム化へと進展し，NC旋盤からターニングセンタへの展開が進められた時期でもあった．

表1 1980年代の工作機械の技術開発課題

需要動向	ニーズ	開発課題		技術研究課題
更新需要	各需要産業における ①製品の高度化・多様化 ②生産の合理化 ③省資源エネルギー対策を実現するために必要な工作機械	省力化,自動化	NC工作機械の機能拡大	自己診断,自動保守,工具摩擦検知,工作物異常検知,加工精度インプロセス計測
			機器周辺の自動化	切りくず処理,バリ取り洗浄,汎用ローダ,工作物搬送装置
		フレキシブル化	モジュール化,標準化	構成ユニットと制御装置のモジュール化
			段取り替えの容易化	
			ハードからソフトへの移行	マイコン・ミニコンの応用技術の高度化
		システム化	機械の多機能化	AHC,ATC,多軸ヘッド,オートローダ,供給搬送システム
			機械のインテリジェント化	音声入力制御,パターン認識,視覚機能
			DNC,CAD,CAM	生産準備,加工,在庫管理,自動プログラミング,加工データバンク
		省エネルギー 安全無公害化	低騒音・低振動化	回転伝導部,減衰機,減衰機構,騒音防止材
			油剤処理	切削剤,研削剤の排水処理法
			省エネルギ	機械構造の軽量化,コンパクト化,摺動部・伝導部の効率向上
国際化	国際競争力の強化 ①特徴のある独自技術 ②欧米先進国対策 ③LDCからの追い上げ	強力高剛性化	主軸構造	静圧軸受,ギヤレス化
			送り駆動機構	樹脂系摺動部材,高性能潤滑油剤,気体潤滑法
			工作機械構造	動特性,熱特性
		信頼性向上	制御面の信頼性	電子制御機器,素子の信頼性,自己診断,異常予知等の制御法
		耐久性向上	環境試験法	加速耐久試験法,温度,湿度,粉塵
		加工ソフト技術の集積	工具,取付具,ツーリング	
新先導産業 (新需要分野)	新エネルギー 電子計算機 半導体 航空機 宇宙関連 海洋開発 新交通等 高度知識集約型産業に対する工作機械	高精度大型工作機械	ロータ加工用旋盤 (φ3m×L10m)	①構造部材の研究:対騒音,対振動,新素材(セラミックス等),低摩耗すべり面 ②機械部品の研究:超精密軸受(流体・磁気),超精密サーボ機構(ボールねじ,リニアモータ),高速用チャック ③工具の研究:新工具材,工具形状 ④計測の研究:微小変位用センサ ⑤電気部品の研究:小形大容量DCモータ,可変速誘導電動機,超高性能ノイズフィルタ ⑥制御の研究:マイコンの組込み,広範囲運動制御方式,高精度指令制御装置 ⑦加工方法の研究:工具摩耗,工作物温度変化による自動寸法補正 ⑧システム化技術:CAD/CAM,FMS,複合化
			スキンミラー(10m以上)	
		多軸制御超精密NC工作機械	同時5軸制御	
		多自由度治具中ぐり盤・研削盤	自由曲面金型加工	
		多軸制御NC工具研削盤	切削工具の高精度・効率加工	
		非金属加工用高精度工作機械	ニューセラミックス・複合材等加工	
		難材料高能率加工用工作機械	チタン合金等の加工	
		超精密ターニングセンタ	電算機ディスク・レーザミラー等の加工	
		学習制御工作機械		
		高性能放電・電解加工機		

(出所) 日本工作機械工業会「1980年代の工作機械産業」

　一方,無人化指向の強いMCにおいても,自動化・無人化のための各種の周辺技術の開発が積極的に進められた.
　その後,21世紀を目前にした1990年代後半には,表2に示す日本工作機械工業会・工作機械ビジョン'97が策定された.工作機械固有の基本技術として,高速化・高精度化・高能率化については永遠の課題である一方,工作機械本体のみならず製造技術を含めた総合的な環境対策が,地球環境保護の観点からますます重要視され,省エネルギー設計・クリーン加工が最重要課題となっている.またCAD/CAM,IT技術の進展に伴い設計および製造環境も大きく変化した.
　こうした過去の開発経緯から今日の工作機械技術レベルを認識し,それらをベースに未来志向の研究および技術開発に,積極的に取り組んでいくことが重要である.

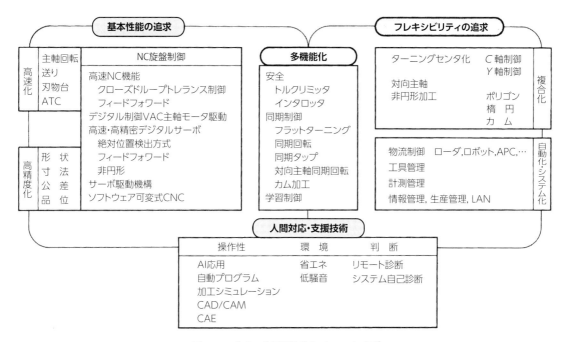

図2 NC旋盤の技術開発動向（1980年代）[2]

表2 工作機械の基本的技術課題

固有技術	本体構造	軽量剛性設計，耐振動・低熱変位設計
	主軸系	高速回転と回転精度・寿命の向上
	送り系	高速・高加速度・高効率送り駆動設計
	工具系	高能率と高寿命，難削材加工のための工具・加工法の開発
	制御系	NC加工精度の向上と操作性の向上，情報通信技術の活用
	その他	総合精度と高生産性のための周辺機能の向上
設計・製造技術	設計技術	設計支援ツールの充実とデザイン機能向上による生産期間の短縮
	製造技術	環境とグローバル化対応への生産技術革新

（日本工作機械工業会）

2. NC旋盤とMCの多軸化・複合化

切削型工作機械の原型である旋盤は基本的にXZ軸の2軸制御であり，フライス盤はX，Y，Zの3軸制御であるが，生産能率や加工精度の向上を目指して，これらの基本制御系に付加軸を追加することにより工作機械の多軸化・複合化が実現されてきた．

図3はNC旋盤の多軸化・複合化の開発経緯を示したもので，大幅な工程集約と加工時間の短縮を目指してタレットや工具軸の組合せによって豊富なバリエーションを揃え，複合加工機へと発展してきた．現在では図3（b）の4タレット旋盤にみられるように，最大制御軸数13軸（直線軸11軸，主軸回転軸2軸）の複合加工機が開発されている．

図3の旋盤ベースの複合加工機に対し，MCベースの複合加工機として5軸制御MCが開発されてきた．立型MCに付加2軸を追加した5軸制御MCの構成例を図4に示す．5軸制御とすることにより工程削減，段取り替えの省略によるリードタイム短縮と同時に高精度化が進められ，多品種少量生産だけではなく大量生産分野でも幅広く活用されるようになっている．

5軸制御MCには種々の機械形態が考えられるが，形態によって精度，剛性，性能面でそれぞれ一長一短があり，結局はワークの形状と要求精度によって5軸制御MCの形態が決定される．たとえば図5に示す

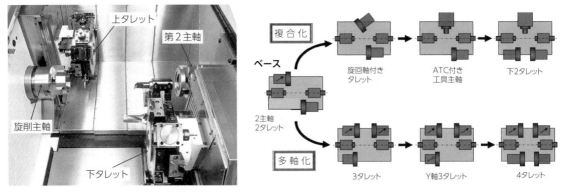

(a) 2主軸2タレット旋盤　　(b) 複合化・多軸化の変遷

図3　NC旋盤の多軸化・複合化（中村留精密工業）

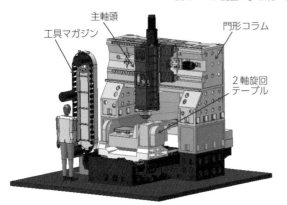

図4　5軸制御立型MCの例（OKK）

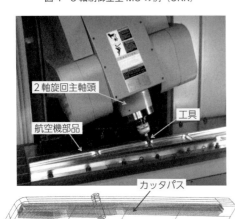

図5　航空機部品の5軸制御加工例（OKK）

長尺航空機アルミ部品の5軸制御加工では，立型MCの主軸ヘッド側に2軸制御機能を付加した形態が多用される．

また，航空機の大物エンジン部品などの加工では，MCに旋削機能を付加した複合加工機が開発されており，旋削加工から5軸加工まで段取り替えなしで一貫加工が可能となっている．

このように，ワーク特化型であればマシンコンセプトも明快となり，開発設計面からも高度な要求を実現しやすくなる．

3. 工作機械の加工対象と技術開発動向

工作機械の加工対象としては，
(1) 一般機械部品加工
(2) 金型加工
(3) 量産部品加工
(4) 特殊部品加工

に大別される．これらの加工に対する要求仕様は当然異なり，加工する側（生産現場）からの視点（顧客満足度），工作機械を提供する側（工作機械メーカー）からの視点（開発）から，それぞれの加工に対する要求事項を解説する．

たとえば，専用機であれば顧客の仕様を満足するように設計すればよく，設計側としては比較的容易に開発ターゲットを決めることができる．ただし，価格・

納期の面で圧倒的に不利である．一方，工作機械メーカーからすれば，ほぼ同じ仕様で生産台数を多くすることができれば，量産効果でそれだけ利益が稼げるが，仕様的に顧客要望を完全に満足させることが難しい．

そのため，ボリュームゾーンとなる標準的な仕様のより汎用的なベースマシンに，仕向け先（国内，海外）や顧客に特化したニッチ機種に拡張展開でき，しかもQCDを満足させうる標準化設計を徹底する必要がある（図6）．

このように工作機械に対する要求事項は，その時代の社会的背景や技術的レベルによって変化し，顧客満足度も時代を反映することになる．

1982年以来，工作機械の生産世界一の座を27年間にわたって確保してきたが，中国，韓国，台湾などの開発途上国が工作機械生産に注力しており，日本の工作機械業界が差別化のために如何に高度化していくべきかが最大の技術課題である．

最近の工作機械の技術開発動向は，①多軸化・複合化・多機能化，②高精密化，③ワーク特化型MC，④低価格戦略MCの開発の4点に集約される．

①複合化・多機能化の代表例として前述のNC旋盤ベースの複合加工機と5軸制御MCがあげられる．工程削減，段取り替えの省略によるリードタイム短縮と同時に高精度化が期待され，多品種少量生産のみならず大量生産分野でも幅広く活用されている．ただし，直線軸に比べ回転軸の精度（分解能不足）と剛性の低さに対する設計上の配慮が必要となる．

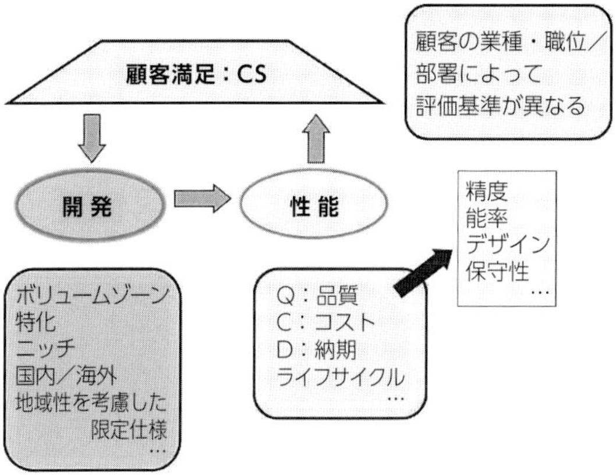

②高精密化の代表例としてA4サイズ以下の微細金型を対象とした高精密MCが定着しつつあり，IT関連分野の微細金型加工に威力を発揮している．この分野ではリニアモータ駆動（直線軸）やDDモータ（回転軸）などの新しい要素技術が利用でき，それらの有効性が発揮できる分野である．

③ワーク特化型MCは，種々異なるユーザ要求に性能面とコスト面で限界に近い形で応えたマシンで，産業分野毎にMCが専門分化し始め，その特徴を進化させている．その代表例として大型の航空機用構造部材の高能率加工を指向した5軸MCがある．航空機のモノづくりが大きく変化するなかで，従来のアルミ部品の高速加工だけでなく，CFRPの安定加工技術やチタンなど難削材の高能率加工が，必要とされている．

④低価格戦略MCについては，世界の工作機械の需給状況と開発途上国のMCとの競合を念頭に置いたグローバル戦略機種である．

開発途上国を始めとする海外メーカーの追い上げを考慮すれば，おのずと日本の工作機械メーカーの開発戦略が見えてくる．すなわち，差別化のための複合化・高度化であり，機械要素，周辺装置メーカーさらにはソフトウェア企業を巻き込んだネットワーク技術の確立が重要なキーテクノロジーとなる．

4. 金型加工用工作機械の要求仕様と課題

[1] 金型のならい加工からNC加工へ[1]

工作機械の自動化の歴史のなかで，汎用工作機械からNC工作機械への進化とともに，ならい加工の歴史を見逃すことはできない．昭和30(1955)年代以降のわが国の高度経済成長期には，自動車や家電製品などの大量生産のツールとして金型加工が重要な地位を占め，製品の高品質・高信頼性に寄与してきた．昭和

図6 顧客満足と技術開発[3]

40(1965)年～昭和60(1985)年代は，まさにならいフライス盤による金型加工が全盛の時代であった．

図7に示す立型ならいフライス盤において，トレーサヘッドの先端には，加工する工具と同じ形状のスタイラスが装着されており，木型や石膏などで作られたモデルの表面をスタイラスで追従移動させて，モデルと同一形状の金型を加工するもので，数値化が困難な自由曲面を持つ金型の形状加工に幅広く使用された．

トレーサヘッドにはスタイラスの3次元変位を検出する3組の差動トランスが内蔵されており，スタイラスが一定変位・一定触圧でモデルに倣う際の3次元変位を電気的に検出し，それらの変位成分から，モデルの接線方向速度および法線方向速度を各軸に分配し，サーボモータを駆動してモデル形状に一定速度でならいながら加工を行なう．

ならい制御は基本的に追従制御であるため，モデルの形状が急変する箇所では，ならい制御時の加減速によるオーバシュートやアンダシュートが発生し，またスタイラスとモデルとの接触による摩擦の影響で追従誤差が生じる．その結果，ならいフライス盤による形状加工後の金型には0.1mmオーダの形状誤差が発生する場合があり，それをグラインダやペーパを用いた手仕上げによる平滑化加工によってμmオーダの表面粗さに仕上げていた．

プラスチック金型などの射出成形金型では，さらにスティック砥石やダイヤモンドペーストによる鏡面仕上げ（Rz 0.3μm以下）加工と，手作業による一連の磨き加工によって金型が仕上げられていた．

1990年代には，金型のならい加工からNC加工への移行，いわゆる"磨きレス"化へシフトすることになる．これには高硬度材の高速ミーリング加工が超硬工具のコーティング工具の開発により可能になったこと，CAD/CAM (Computer Aided Design and Computer Aided Manufacturing) とその周辺技術が飛躍的に進展し，金型のならい加工からNC加工へと移行することになる．

その結果，金型の設計・製作工程が大きく変化した．

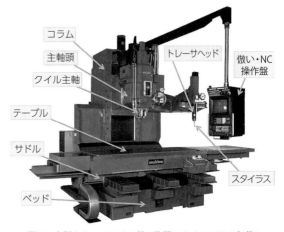

図7　立型ならいフライス盤(牧野フライス1990年代)

NCデータ作成の自動化・高機能化が進められ，金型のNC加工精度も大幅に向上し，高能率加工が可能となり，日本の金型産業が大きく変貌することになった．

[2] 金型加工の特徴と加工面品位

金型（Die, Mold）とは，金属に目的の形状を加工した型を使って同じ形状を他のものに転写するための工具で，射出成形，プレス成形，ダイキャスト等の転写技法を用いて，同一品質の部品を大量に生産することができ，大量生産部品の生産手段として重要な役割を果している．

高品質な部品を安定して生産するには金型の性能が重要であり，金型をいかに早く高精度に製作するかがポイントとなり，金型の加工に使用する工作機械の加工速度と加工精度が，生産量と製品の品質に直接影響することになる．

携帯電話やデジタルカメラなどIT関連製品の分野では，高性能・小型化と短命化が進み，A4サイズ以下の小型精密金型のさらなる短納期化，高品位化が要求されている．この要求に対応するためには機械加工の段階で高速化のみならず，スジ，縞目，段差のない高品位加工面が要求され，後工程のみがき作業をいかに削減できるかが，重要なポイントとなっている．

表3 金型高品位加工の影響因子と症状例[4]

影響因子		原因項目	高品位を阻害する症状例
CAD	出力経路	不正なピック経路	等高線加工における筋，食い込み
	計算精度	数μm凹凸データ	準平面面直方向の軸反転補正不適合による筋
		サーフェス間の不連続データ	実行送り速度の瞬時停止によるカッタマーク
		トレランス	多角形状の加工面
NC装置	高速高精度制御	コーナ前後での加減速制御	減衰性のある振動縞，コーナ部食い込み
		滑らかR部での加速度制御	小径高速円弧時の振動
	軌跡誤差	NCサーボ系の追従遅れ	コーナだれ，半径減少
	軸反転補正制御	バックラッシュ補正	象限切替え部／準平面での筋
		突起補正	象限切替え部／準平面での筋，食い込み
	熱変位補正制御	ボールねじ，主軸熱変位補正制御	工程間，主軸回転速度急変時の段差面
機械系	スムースな動作特性	送り速度のゆらぎ	複数軸同時送り加工面の筋
		ロストモーション特性	象限切替え部の筋
		微小ステップ，反転特性	象限切替え部／準平面での筋，食い込み
		リニアガイドのウェービング	面品位悪化
	振動／動的特性	送り系	機械動特性と高速高精度制御不適合による振動縞
		主軸系	1刃ごとの削り目が不整となり面品位悪化
		外的要因	周辺機器の微振動伝播による不規則な削り目
	熱変位	主軸系，本体系	熱特性と補正不適合による工程間，主軸回転速度急変時の段差面
		送り系	熱特性と補正不適合による工程間での段差
工具・切削系	剛性	工具のたわみ	内側コーナでのびびり面，面品位悪化
	工具の振れ	ツーリング把持精度	1刃ごとから1回転ごとの削り目に変化し面粗度，面品位悪化
	クーラント	エアブロー，オイルミスト，油／水溶性	工具寿命，摩耗進行による面粗度，面品位悪化

これらの要求に応えるため，加工機に対しては本体剛性のみならず，①主軸系と送り駆動系の振動抑制，②溜りのないスムーズな運動特性，そして③熱変位の低減が必要となる．金型の高品位加工の影響因子とその症状例を表3に示す．

[3] 金型加工機の設計品質と性能評価

微細金型加工用工作機械の開発設計に際し，上記①～③の要求特性を満足させるための具体的対策の例を図8に示す．

図8の微細金型加工機の開発に際しては，標準的なMCに比べ低脈動（ウェービングの小さい）のリニアボールガイドを採用し，しかもボールねじのリードを小さくすることによって送り精度およびサーボ剛性の向上を図り，追従性を向上させた．また可動部の質量を軽減することにより，加減速時の残留振動の低減を図り，NCの高速高精度制御機能を用いて，形状に応

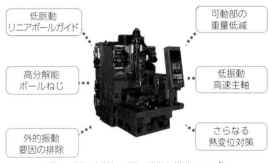

図8 微細金型加工機の特徴と構造 (OKK)[5]

じた滑らかな加減速動作によって高品位な加工面が得られている．

一方，上流のNCデータおよび下流の工具・加工系の特性についての配慮も必要である．精密金型の面品位として問題視された例を写真9に示す．

金型自由曲面はNC指令として微小線分で表され，微小線分ブロックの継ぎ目が正確に金型加工面に転写

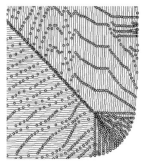
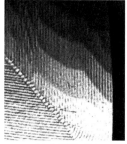

(a) 微小線分の継ぎ目　　(b) 金型加工面

写真9　微小線分ブロックと加工面（OKK）[4]

されるため，金型加工工程の上流のCAD/CAMデータの品質が問題となった加工例である．

5. 量産部品加工機の要求仕様と課題

[1] トランスファマシン加工からFTLへ[1]

日本の戦後復興のなかで，まず立ち上がったのが自転車と原付自転車の生産で，4輪自動車の生産は1965（昭和40）年ころより急速に伸びていく．この自動車の大量生産に貢献したのがトランスファマシン（transfer machine）である．

トランスファマシンとは各ステーションごとに複数台の専用工作機械を直列または並列に配置し，工作物の搬入，搬送，位置決め，クランプ（固定），加工，搬出を自動的に行なうもので，必要に応じて洗浄や検査ステーションが設けられている．この機械の出現が自動車産業のオートメーション時代への移行時期と考えられる．

図10はシリンダブロック加工用のトランスファマシンの例で，各加工ステーションは図11に示す専用工作機械（unipurpose machine tool）で構成されている．加工能率を向上させるにはサイクルタイムを短縮する必要があり，このため加工ヘッドは複数の加工主軸をもった多軸ヘッドが多用され，多品種加工に対応できるようにモジュール化・標準化設計がなされている．

各ステーションでの加工内容は穴あけ，ねじ立て，リーマ，中ぐり，フライス削りなど比較的単純な加工が主で，サドルは油圧シリンダの直線送りのみで，送り速度は油圧の流量制御弁で調整されていた．

各ステーションでの加工が完了すると，トランスファ機構によって，所定の時間（サイクルタイム）ごとに工作物を1ステーション前進させる．これら一連

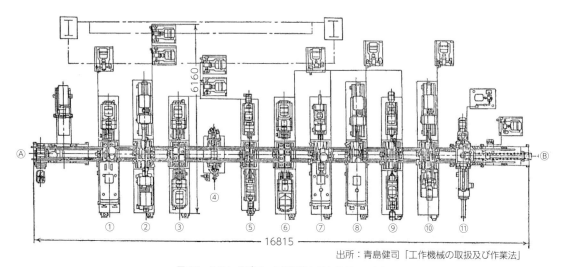

出所：青島健司「工作機械の取扱及び作業法」

図10　シリンダブロック加工用トランスファマシン

の動作は油圧シリンダを用いたシーケンシャル制御で行われる．

このように，高度成長期にはトランスファマシン全盛であったが，1980（昭和55）年代に入ると，自動車の型式数が急激に増加し，エンジンも多様化してきた．当然，車種により需要の増減がみられるようになり，加工ラインの編成が問題化した．

トランスファマシンは多品種化，品種間の需要変動に十分に対応することができず，従来の専用工作機械に代わって，フレキシブルなライン構成が可能となるMCによるライン化（FTL：Flexible Transfer Line）へと移行した．

量産ライン対応MCの要求仕様としては，高速性，高信頼性，切りくず処理性，保守性などが必要とされるが，工作物の搬送ライン対応を容易にするため，汎用の横形MCの機械形態とは異なり，図12に示すよ

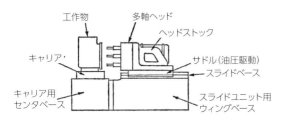

図11 加工ステーションの専用工作機械[6]

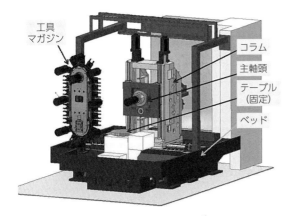

図12 量産対応MC(OKK)[7]

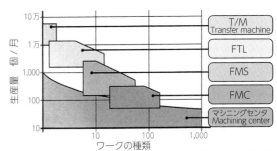

図13 量産加工におけるシステムの選択（三菱重工工作機械）

うに割出しテーブルはベッドに固定で，主軸・コラム側でX，Y，Zの3軸移動の機械形態をとるのが一般的である．これは工作物の取付治具の固定や配管・配線，それに搬送装置やロボットとの接続を容易にするためである．そして工具マガジンは搬送ラインによって機械上部に移設可能となっており，またATCトラブルによるライン停止を避けるため，主軸の移動動作によって工具交換する方式になっている．

図13はトランスファマシン，FTL，FMS，FMCそしてMC単体について，品種の数と生産量による選択基準の一例を示したものである．FTLはトランスファマシンに比べ，生産性で劣るが多品種加工に適し，ラインの変更も容易となり，それだけ柔軟性があるためトータルの設備コストを低く抑えることができる．

[2] 量産加工の特徴と信頼性

より具体的に，自動車部品の機械加工自動化ラインにおける製造現場からの要求機能を示したのが図14である．トヨタ生産方式の要である不良品を後工程に送らないこと，それと生産現場のコストダウンを目標に，切削加工機としての工作機械本体に対する要求項目のほかに，自動化ラインとしての周辺機能を含めた必須要件を明確にしたものである．

このような顧客要求に対応するため，工作機械メーカは図15に示すように，高信頼性，切りくず処理性，簡単保守を最優先項目として量産対応MCを提供してきた．

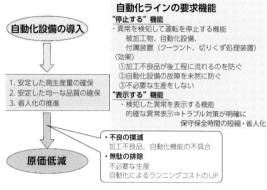

図14 自動化設備導入の目的と要求機能(参考文献[8]をもとに筆者作成)

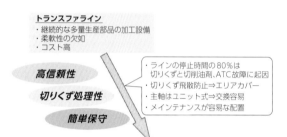

図15 量産ライン対応MCの要件[9]

(a) インライン搬送

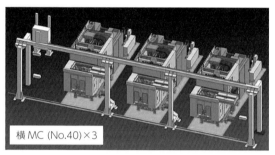

(b) ガントリローダ搬送

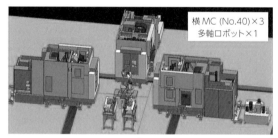

(c) ロボット搬送

図16 FTLの搬送ライン構成例(OKK)[10]

[3] 量産部品加工ラインの構成

消費者ニーズへの対応とタイムリーな部品供給を目的に,部品の仕様変更にすばやく対応でき,生産開始までの立上げ期間の早い設備が求められてきた.

これらの要求に対応したFTLライン構成には単一部品の大量生産に最適①工程分割ライン,部品の工程変更および機種追加が比較的に容易で,現在の量産部品加工ラインでは主流である②工程集約ラインがある.

①工程分割ラインでは,各々のMCが異なった加工工程を行なうため,部品の工程管理,品質管理が容易であるが,MCのトラブル時にはラインは全停止し,生産がストップする危険性がある.

一方,②工程集約ラインでは,MCのトラブル時にも,そのMCをラインから切り離して稼動することができ,一定量の生産が可能である.ただし,同一工程を複数のMCで分担するため,部品の品質管理が重要となり,しかもセル台数分の刃工具が必要となり初期コストが増大する.

部品の基本ベースは変わらず,一部形状が異なり機種切替えが多い部品の加工には,③工程分割・集約複合ラインが適している.このラインはMCと各種専用機で構成され,MCのみのラインに比較してライン全長を短くすることができる.

量産部品加工ラインは,部品の生産量,大きさ,加

工精度，加工内容，変動要素，工場スペース，イニシャルコスト，ランニングコスト等を考慮し，工程分割ラインおよび工程集約ラインを適材適所に配置することにより，最適なラインを構築することが重要である．

加工対象である部品の生産量とロット数，設備投資額，さらには将来の設備計画を考慮して，図16に示す（a）インライン搬送，前面搬送，（b）ガントリローダ搬送さらには（c）ロボット搬送のいずれかが選択される．いずれの場合も図12のテーブル固定タイプの横形MCであれば機械レイアウトが容易となり，保守性もよいのが理解できる．

6. 特殊部品加工用工作機械の仕様と課題

特殊部品加工用工作機械としては，航空機の主要部品であるチタンなどの難削材加工やCFRP加工，研削加工と放電加工などを対象とした複合加工機，放電加工機用のグラファイト電極加工機など，多種多様である．

本項では，MCをベースマシンとした特殊部品加工用工作機械の一つとしてグラインディングセンタ（以下，GCという）について説明する．

GCの加工対象は一般鋼材のほか耐熱鋼，高硬度鋼，ステンレス鋼などの難削材や，ICや液晶装置の製造に密接に関連したセラミックスや石英ガラス等の硬脆材料の研削加工ニーズに対応したものである．

[1] GCの発展経緯[11]

新素材としてのセラミックスの特徴である軽量，高剛性，高硬度，化学的安定性そして低熱膨張の特質が，特定分野の機構部品としてその有効性が認識され，それらの加工法が本格的に研究され始めたのが1970年代後半で，1988年の日本国際工作機械見本市（JIMTOF）においてGCが初めて出展された．

このGCは切削加工のみならず平面研削，円筒研削，内面研削，溝研削，カム研削など複雑形状部品の研削加工が行え，研削加工工程の大幅な集約化・合理化が初めて可能となった．

しかしながら当時のMCをベースマシンとして展開するには，ハード面で大きな課題があった．それは研削加工に必要な主軸の高速化（ビルトイン高速主軸）と高圧クーラント（研削油剤）の主軸内貫流方式であるスピンドルスルーの実用化であった．

セラミックス球を用いた高速主軸用アンギュラ玉軸受の開発と，潤滑油量を極小化した低発熱軸受潤滑法であるオイルエア潤滑法の開発，そしてビルトイン高速主軸モータの開発，さらには高性能のロータリジョイントの実用化によって，GC用高速主軸が実現された．

それらに加えてクーラントや研削くずの処理と防塵・防滴構造，研削加工特有のオシレーション機能，濾過装置，研削砥石の管理（ツルーイング，ドレッシング）など，工作機械構造および周辺技術の開発と生産現場における試行錯誤を重ねながら，徐々に高度化が進められてきた．

その後のIT（Information Technology＝情報通信技術）関連技術の革新により，パソコンや携帯電話などの情報通信機器の中核をなす半導体をはじめ液晶装置などの製造に関連して，ファインセラミックスや石英ガラスなどの硬脆材料の加工が重要となり，セラミックスのサイズがますます大型化した．

とくに液晶テレビの大型化のニーズは，第1世代ではガラス基板サイズが300×400mmであったのが，第4，第7，第8世代そして第10世代では3,000×3,200mmと大型化し，それに伴い製造工程で使用されるセラミックス製機構部品のサイズ，さらにはそれらの加工機であるGCも急速に大型化が行なわれた．

[2] GCの特徴と要求特性

GCとして幅広い研削加工に対応するには，
・脆性材料や難削材の加工
・多彩な加工形態への対応
・超砥粒砥石の使用
・自動化の推進，工程の短縮化

を前提に，GC本体の機械特性に加えて，研削加工特

有の周辺装置や支援機能が必要となる．

第8世代の液晶ガラス基板対応機種として開発されたテーブルサイズ3000×2200mmのGCの構成を図17に示す．MCのNC機能と各種自動化機能に加え，GCの特徴として，つぎの5項目が挙げられる．

①高速回転主軸

超砥粒（ダイヤモンド，cBNなど）砥石の使用に対応した幅広い研削条件が得られ，振動の少ない安定した高剛性，高速回転のビルトイン主軸を装備している．

研削加工の切込みは小さいものの，砥石の加工面への押し付け荷重が重要となり，剛性が低いと砥石が工作物に食込まず，加工が進まないだけでなく砥石損耗の原因となる．また工作物が硬脆材料であるため，急激な研削抵抗の変化によって欠損を生じやすく，滑らかな微細送り特性が要求される．

②高圧クーラント装置の装備

研削くずや遊離砥粒による摩耗対策として，耐摩耗仕様の切換弁や圧力調整弁，高圧ポンプ（最大吐出圧力：7MPa，吐出量：30L/min）を装備した高圧クーラント装置により，工具内（スピンドルスルー）および主軸周辺（固定ノズル）から高圧クーラントを効率よく，砥石表面や加工ポイントなどに吹き付けることにより，砥石の目詰まりや研削焼けを防止するとともに加工精度の向上と高能率化を可能にしている．

さらに，微細で多量の研削くずや脱落砥粒を捕捉するため，図18に示す多重濾過方式のフィルトレーションシステムを採用し，研削液の温度上昇に起因する熱変位を防止するため，研削液温度調整装置（クーラントクーラ）が装備されている．

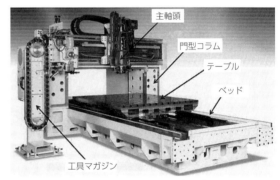

図17　大型GCの構成（OKK）

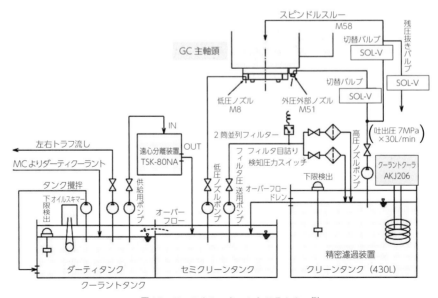

図18　フィルトレーションシステムの一例

③主軸端防塵・防錆対策

高能率研削加工に対応した高速回転主軸は，主軸端内部にメカニカルシールを，主軸端にエアパージ機構を設けている．また研削液に露出する主軸端部は特殊表面処理，テーブル上面についてはステンレス溶射を施した防錆対策を行なっている．

④摺動面，ボールねじ保護対策

すべり／ころがり案内面やボールねじへの研削くずや遊離砥粒の侵入と付着を防止するため，フレックスジャバラやステンレス製テレスコカバー，さらにはエアパージなどの保護対策を施している．

加工エリアはスプラッシュガードおよび天井カバーにより密閉構造としており，リニアガイドやボールねじについても，クーラントの飛散による影響を受けない防錆処理が施されている．

⑤ 環境，安全対策

研削くずやクーラントの機外飛散を防止し，高圧クーラントの使用により発生する霧状クーラント対策として，ミストコレクタの設置と天井付きのスプラッシュカバーを採用し，クリーンな加工環境を維持している．

[3] GC加工支援技術と加工事例

硬脆材料の研削加工が一般の切削加工と大きく異なるところは，微小切込みによる繰返し加工であるため，何回も同じカッタパスを通すことになり，NCユーザーマクロプログラムを組むのに，大変な手間がかかることになる．

この煩雑なプログラム作成を支援するため，各種ポケット加工からねじ加工まで，パターン選択と最終形状の数値のみを入力することにより，自動的に繰返し加工ができるGC専用プログラム支援ソフトが用意されている．

また，レーザおよびタッチセンサによるワーク・砥石径の自動計測機能を用いて，研削加工→ワーク自動測定→許容値判定→自動修正研削の一連の工程を自動化したソフト，さらには砥石形状修正→ドレス→砥石計測結果を含めた追い込み量の自動決定ソフトも用意されており，極めて高精度の自動GC加工を可能にしている．

図19（a）にツルーイング装置を用いて砥石形状を自動修正している状況を，同図（b）にGCツールの情報画面の例を示す．

上記の支援ソフトを用いてGC加工した例を図20に示す．同図（a）はアルミナセラミックス製のシリコンウェハ搬送アームで，部品サイズは500×120×t10mm，加工時間は第1工程（主に表面加工），第2工程（主に裏面加工）合せて15時間58分であった．同図（b）は焼入鋼カムで，カムの側面研削においては，送り方向に垂直な縦縞が出やすいため，砥石が上下に揺動するオシレーション機能を有効に活用して表面精度を向上させると同時に，送り軸の速度変動にともなう研削筋目の発生に注意を払う必要がある．

従来からパンチや線材の引抜きダイスの加工にはカム研削盤が一般に使用されていたが，GCを導入する

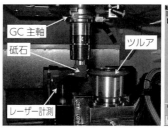

(a) テーブル上のツルーイング装置　　(b) GCツールのツール情報画面例

図19　GCツールのツルーイングとツール情報画面

(a) アルミナセラミックスの加工例　　(b) 焼入れ鋼カムのGC加工例

図20　GC加工例

ことによって,自動化が図られ大幅な効率向上に寄与している.同時に従来の放電加工を GC 加工に置き換えることによる効率向上も期待でき,生産現場における評価も高く,GC の需要は増加傾向にある.

＜参考文献＞
1) 幸田盛堂：精密工学基礎講座「工作機械　機能と基本構造」,精密工学会 (2013),p.49
　http://www.jspe.or.jp/publication/basic_course/
2) 山中日出晴,三宅和久：高速ターニングにおける最近の制御技術,精密工学会誌,59 巻 9 号 (1993),p.1439
3) 幸田盛堂：工作機械の要求仕様と性能評価,2013 年度工作機械加工技術研究会 (2013-10),大阪府工業協会
4) 幸田盛堂,宮川祐三ほか：金型加工用工作機械の要求特性と対策事例,2004 年度精密工学会秋季大会学術講演講演論文集 (2004),p.335
5) 幸田盛堂,熊谷幹人ほか：微細金型加工機 VD300 の開発,2005 年度精密工学会春季大会学術講演講演論文集 (2005),p.7
6) 伊東誼,森脇俊道：工作機械工学,コロナ社 (1989),p.120
7) 福田真人,馬場先宏行：最近のフレキシブル生産システム (FMS) の構築とその効果,ツールエンジニア,47 巻 10 号 (2006),p.28
8) 深野俊彦：機械加工の自動化,機械の研究,24 巻 1 号 (1972),p.129
9) 幸田盛堂：量産部品加工用工作機械の最新動向,2011 年度工作機械加工技術研究会 (2012-2),大阪府工業協会
10) 大野宏：自動車部品の量産加工技術と課題,2015 年度工作機械加工技術研究会 (2015-8),大阪府工業協会
11) 幸田盛堂：グラインディングセンタの発展経緯と今後の展望,砥粒加工学会誌,55 巻 5 号 (2011),p.11

12 NC旋盤・複合加工機の機能と加工例

1. NC旋盤の発展経緯

NC装置の開発とともに，NC指令を移動体に高精度に伝達するためのボールねじが開発され，1973年には21％であった工作機械へのNC装置の搭載率は，1976年に34％，1978年には52％と急増していった．

工作機械の性能向上とともに切削工具の切削性能が向上し，切削速度や切りくず除去量が増加，そして切削油剤供給量も増え，切りくずと切削油剤の飛散を防止するために，1970年代には工作機械全体を覆うカバー構成が主流となり，現在のNC旋盤の機械構成の基となっている．その後，工具のコーティング技術の開発により切削速度が高速になるに伴い，主軸出力の拡大，主軸回転速度の高速化，さらには大容量・高圧での切削油剤の供給が必要となった．そのためカバーの密閉性や仕様を向上させるなど，NC旋盤は相乗的進歩を続けてきた．ここでは，DMG森精機におけるNC旋盤と複合加工機の発展経緯について解説する．

写真1はNC旋盤の初期モデルであり，ベッドは汎用旋盤の形態を踏襲したフラット形で，カバーはチャックの外周近くの加工室のみを囲う構成となっている．

写真2はベッドの摺動面が傾斜したスラントベッド型のNC旋盤で，クラウン形でドラム方式の対向刃物台に特徴がある．傾斜ベッドの採用により切りくずの排出性が向上し，しかも接近性・操作性のよい構造となっており，2つの刃物台には合計10本の工具が装着でき，その構成は現在のNC旋盤にも継承されている．主軸駆動は16段歯車自動切換え方式で，最高回転数は1850min^{-1}，XZ軸は電気パルスモータ駆動のオープンループ制御方式である．

初期のNC旋盤では，NC装置や制御盤，油圧ユニッ

写真1　フラットベッド型NC旋盤（1970年：NCFLシリーズ）

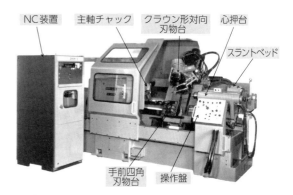

写真2　スラントベッド型NC旋盤（1973年：NCSL-1000）

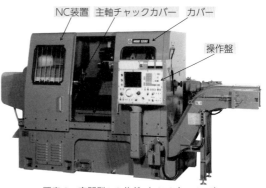

写真3　密閉型NC旋盤（1978年：SL-3）

トが別置きの構成であったが，加工室のカバー密閉性を向上したモデル「SL-3」(**写真3**)では，NC装置や制御盤，油圧ユニットを工作機械と一体化したことで，据付や移設の負担が軽減され，また据付スペースも縮小された．この構成は現在のNC旋盤に継承されている．

2. NC旋盤の多軸化・多機能化

旋盤加工の高能率化の要求に応じて，**図4**に示すように多軸化が進み，さらにはミーリング機能が付加されてターニングセンタへ発展した．そしてマシニングセンタに相当する機能が装備されて，複合加工機へと進化してきた．

この背景には，工程集約により工程間の仕掛品をなくし，工場内の占有スペースを縮小することと作業の削減，加工リードタイムの短縮，工程間の加工精度向上が効果として得られた．

工程を集約することにより1台当たりの加工時間が長くなり，機能が複雑になることで故障のリスクも高くなるが，生産量（加工ロット数）を勘案して工程分散か工程集約かの選択が検討される．

2軸X，Z制御の基本的なNC旋盤に，刃物台を2基搭載して生産性を高めた4軸機モデル，刃物台に回転工具を搭載してドリルやエンドミルなどの2次加工を可能としたミーリング仕様モデル，対向側に主軸ユニットを搭載してチャッキングの両面加工により完成品加工を可能としたモデル，Y軸を装備してオフセット穴やキー溝の幅補正を可能としたモデルなど，ターニングセンタ（複合加工機）は20年以上前に製品化

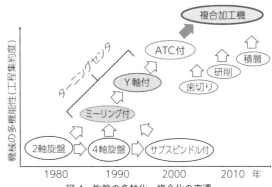

図4 旋盤の多軸化・複合化の変遷

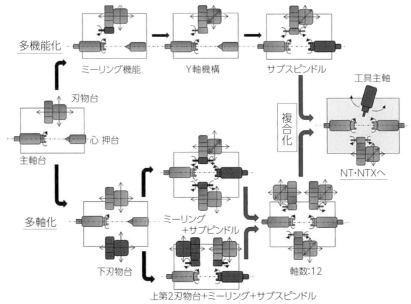

図5 多軸化と多機能化の推移

され進化を続けている．

しかしながら，当初のターニングセンタは回転工具機能が未熟で，MCとは切削能力で比較できない性能であった．そこで，MCなみの加工を実現するために専用の工具主軸と工具交換装置（ATC）を装備し，2000年以降はMCなみの工具回転による加工が可能となった複合加工機に進化した．

最近では研削や歯切り加工，さらには金属積層などの機能が一体化され，1台の機械で多種多様の工程がワンチャッキングで完成できるようになってきた．実際の軸構成の変遷は図5に示す通りで，多軸化と機能の複合化が進んだ．

3. 複合加工機の構成と加工内容

複合加工機とは，複数の加工機を使用する加工を一体化して1台の機械で，旋盤加工とMC加工，さらには研削加工や最近では金属積層までを1台の機械で構成したものである．機械構成としては旋盤にMCの機能が付加されたもの（NC旋盤ベース）と，MCに旋盤の機能が付加された構成（MCベース）がある．

NC旋盤をベースとして構築した複合加工機を図6（旋削用の刃物台・心押台は図示されていない）に，NC旋盤と複合加工機の軸構成と加工内容を表1に示す．

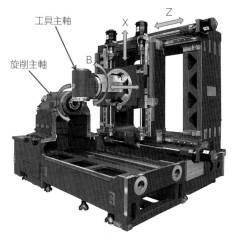

図6　NC旋盤ベースの複合加工機

表1　軸構成と加工内容

	構成	加工内容
2軸	旋削主軸（X,Z）	円筒加工／突切加工／端面加工／テーパ加工／穴あけ加工／中ぐり加工／ねじきり加工／曲面加工
2・1/2軸	旋削主軸（X,Z） 工具主軸 BC軸/ATC	外径溝加工／端面溝加工／端面穴加工
3軸	旋削主軸（X,Z） 工具主軸 BC軸/ATC	同心加工／任意角度穴あけ加工／極座標補間（面加工）／円筒補間（溝加工）
4軸または5軸	旋削主軸（X,Z） 工具主軸 BC軸/ATC	ポケット加工／面加工／溝加工／真円加工／斜面加工

4. 複合加工機の要求事項と導入効果

多様化する市場ニーズにより，多品種少量生産が増加しており，また装置のコンパクト化，製品構成の簡素化による部品形状の複雑化が進み，複合加工機の需要が高まっている．また，複合加工機はCAMとともに生産設備として汎用的に利用されるようになり，部品の設計にも影響を与えている．

たとえば，従来は複数の部品を組み合わせて構成したような複雑な構造物でも，複合加工機を用いることで部品の一体化が可能となり，加工精度の向上，コスト低減，生産性の向上につながる．

このような背景から，複合加工機に対して，以下の要求項目が挙げられている．

① 高効率
- 工程間の部品搬送が不要になり，リードタイムの短縮と仕掛品の保管が不要
- ワンチャッキングでの加工が可能となり，段取り替えおよび冶具を削減
- 機械毎の冶具，工具，プログラムの管理負荷の低減

② 高精度・高剛性
- ワンチャッキングの加工により，工程間の加工精度が向上
- 5軸加工により最適な周速での加工が可能となり，面品位が向上
- 熟練技術者による工程ごとの高度な心出しがなくても，安定した精度で部品加工が可能
- 旋削主軸と工具主軸により，複雑形状の部品を安定した精度で加工する高剛性な構造

③ 省スペース
- 複数の機能を最小のスペースに集約

④ 柔軟性
- 搬送や計測など工程間で必要となる機能を装備し，1台の機械で完成品までを自動化
- 加工ワークの変更に対して，チャッキングなど全ての段取りを自動化．多品種を無人運転により加工

複合加工機の導入効果として，第一に挙げられるの

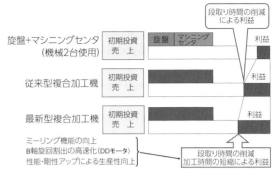

図7 複合加工機による利益の増加

が工程集約である．旋盤とMCの2台で加工を行なう場合に対して，機械間の搬送や段取りの削減により加工リードタイムが短縮され，段取り時のワークの取付け誤差がなくなった．また，複雑な形状の部品を多種少量生産する場合にも迅速な対応が可能となった．

図7は工作物の全12工程を旋盤とMC，従来型の複合加工機，そして最新型の複合加工機の3種類でそれぞれ加工し，合計加工時間から算出される利益を比較したものである．

旋盤とMC間の段取り換えを5回繰返して加工を行なう場合より，複合加工機1台で連続加工した場合の方が，利益の増大につながっていることがわかる．

5. 複合加工機を支える技術

[1] ビルトイン・モータ・タレット

NC旋盤にミーリング機能を搭載した工作機械は2000年以前から数多く存在していたが，装備されたミーリング機能はあくまでも補助的なものであり，加工精度，切削能力，加工面品位，耐久性等の点で決して満足できるものではなかった．これらの課題を克服して，MCに匹敵するミーリング能力と加工精度を併せ持つために開発されたのがビルトイン・モータ・タレットである（**図8**）．

従来，ミーリングの動力源であるモータから回転工具ホルダまでの動力伝達機構として，複数のベベルギ

図8 ビルトイン・モータ・タレット

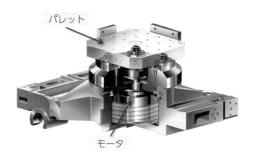

図9 ダイレクト・ドライブ・モータ

ヤ，タイミングベルト，タイミングプーリなどを使用するのが一般的であった．これら複数のギヤやプーリは軸受で支持され，それらが高速回転することにより，潤滑剤であるグリースの攪拌による発熱やギヤの噛み合いによる振動，タイミングベルトとプーリの高周波金属音などを発生させる原因となっていた．

これらの課題を克服するには，ギヤレス，ベルトレスが必須条件であり，モータの小型化などの技術開発によってタレット内部にモータを内蔵することが可能となった．

また従来の機構では，ベルトやギヤといった回転駆動系をエアや潤滑油などで部分的に冷却を行っても，最高回転数で連続回転した場合には，室温プラス30℃まで発熱し，その結果，熱変位により工作物の連続加工精度に大きく影響した．

しかし，ビルトインモータの採用により，モータを含めたハウジングの外部にオイルジャケットを装備し，冷却油を循環させることによって完全に熱遮断することが可能となった．その結果，6,000 min^{-1} 連続回転時の温度上昇を室温プラス3℃と，従来機に比べ1/15に低減した．

[2] ダイレクト・ドライブ・モータ

テーブルなどの回転軸駆動において，従来のように減速機を用いるのではなく，回転軸にモータを直結する構造となっている（図9）．このため，モータに必要な駆動トルクは大きくなるが，ギヤ歯面の摩耗を考慮する必要がなく，回転速度を上げやすい利点がある．ギヤやウォームを経由して駆動する従来の方法と比較して，高速・高精度・高効率とあらゆる面で優れている．バックラッシがなく，しかもロータリスケールを標準で採用しているため高精度であることはもちろん，駆動系に摩耗部品を介さないため高速回転が可能である．従来のウォームギヤやローラギアを使用した機構に対し，大幅な高速化と高精度化を実現している．

[3] ロングボーリングバー

長尺のシャフト加工では，深穴となる内径のボーリング加工の対応が難しいが，ロングボーリングバー仕様を装備することで，内径の深穴加工が可能となる．さらに刃先の径方向位置を制御（刃具寸法補正）することにより，深穴の内径の形状加工が可能となる（図10）．

ロングボーリングバー仕様で回転制御が可能なタイプでは，穴中心軸以外の箇所に深穴のボーリング加工が可能で，上記と同様に刃先の径方向位置を制御することにより，ボーリング加工の内径に段差など旋削と同等の加工が可能である（U軸制御）．

[4] 研削加工

研削用の砥石を工具主軸に装着することで研削加工

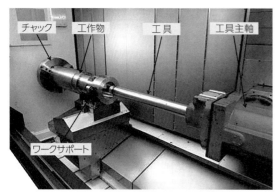

図 10　ロングボーリングバー

の工程集約が可能となる．この方法は 2000 年以降に回転工具の 1 つとして採用されてきたが，近年では研削ユニットを機内に装備し，研削加工機に相当する研削を可能とした機種も製品化されている（図 11）．

機械加工工程の集約の結果として，高精度加工の最終工程である研削加工の工程集約と，ドレッシングや計測などの周辺機能がますます充実されていくであろう．

[5] 同時 5 軸制御加工の高機能化

ブレードやインペラ等の同時 5 軸制御加工では，工具先端点制御に適用して，工具先端での経路および速度をプログラム上で指令することができる．従来は CAM から出力される加工パスが滑らかではない場合，

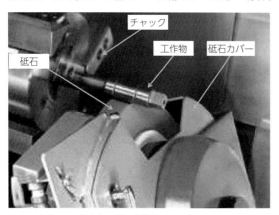

図 11　複合加工機に装備された研削ユニット

プログラム指令中のブロック間での速度差（加減速）が生じ，加工面の劣化や加工時間の増大を招く原因となっていた．最新の複合加工機では，図 12 に示す「SVC 機能」(Smooth Velocity Control) を搭載し，これらの問題を解決している．

さらに高精度化への取組みとして，工具主軸（割出し精度：20 秒）の位置決め（角度）偏差による影響を抑制するために，旋回中心と刃先位置の距離を近づけることにより，刃先位置での誤差がほぼ半減しているのがわかる（図 13）．

[6] オペレーションシステム

操作機能ではアイデアを直感的に製品に仕上げることが可能となるタッチパネル式操作盤と，新オペレーションシステム「CELOS」（図 14）を紹介する．

生産指示，加工工程，段取り手順を各アプリケー

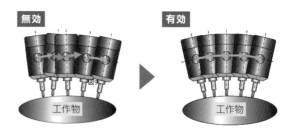

図 12　「SVC 機能」の動作イメージ

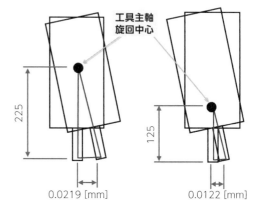

図 13　回転軸角度偏差が刃先位置に及ぼす影響

ションによって管理することで，高い生産性を生み出し，ペーパーレスな生産環境を構築できる．また，随時追加されるアプリケーションにより，生産性の向上を図り続けることができ，PPS（生産計画システム）やERP（企業資源計画システム）とも高い互換性を持ち，ユーザのIndustry 4.0推進をサポートしている．USBメモリを内蔵した「SMARTkey」により，ユーザ認証機能を利用して，制御装置や機械へのアクセス権限を個別に設定することができる．

[7] 環境対応

環境負荷やランニングコスト低減のために，様々な機能開発や既存技術の最適化を行ない，機械を効率的に稼動させることで，サイクルタイム短縮と運転中の省電力化に取り組んでいる．その事例として，「CELOS」と併せて開発した数々の省電力機能を紹介する．

消費電力そのものを低減させるために，加工負荷に応じてクーラント吐出量が調整可能な制御システム，待機系統の動力を遮断するアイドリングストップ機能，LED照明，低消費電力リレーやマグネットスイッチ類の採用など，低消費電力で駆動する機器と機能を採用している．

さらに工作物1個当りの加工時間を短縮するために，Mコードの高速処理化，固定サイクルの動作時間短縮やATC（自動工具交換）時間の短縮を行っている．

「CELOS」の省エネアプリケーションでは，稼働時間，消費電力量，CO_2の排出量を3つの状態別に表示して，省エネ効果の「見える化」を図り，エネルギ消費状況を把握することができる．また廃棄物低減の取り組みとして，潤滑油の消費量を従来機と比較して90％削減し，耐環境性の向上および油脂類購入費の削減を実現した．

6. 複合加工機の最新事例

[1] 複合加工機

旋盤とMCの機能を併せ持ち，顧客要求を細部にまで反映し，コンパクトに一体化して高い信頼性を実現した最新の複合加工機「NTX1000^{2nd} Generation」の外観と内部構造を図15に示す．

機能面では，工作機械を画期的に変えるタッチパネル操作を可能としたオペレーションシステム「CELOS」を採用，そして生産性向上，高精度，省スペース，省エネルギ，自動化など，最新技術を1台の機械に集約している．

旋削主軸は第1主軸と第2主軸があり，双方の受渡

図14　オペレーションシステム「CELOS」外観

図15-a　複合加工機の外観

しにより1・2工程の連続加工が可能である．出力は11/7.5kWと18.5/15kWの2タイプがあり，6inchまたは8inchのチャックが装着できる．工具主軸は全長400mmとクラス最小の設計で，Capto C5またはHSK-A50の仕様がある．Y軸移動量は210mm（±105mm）で，X軸は主軸中心より下側に105mmの移動範囲をもつため，主軸を中心として210mmの範囲をX-Y軸で加工することができる．

ビルトイン・モータ・タレット構造の第2刃物台は，10角すべてのステーションに回転工具を装着することができ，最高回転数は1万min^{-1}まで可能となった．

第2刃物台は，工具主軸と並列して第2主軸側へ同時に加工することができ，加工時間の短縮が可能である（図5参照）．また，第2刃物台で加工している間に工具主軸の自動工具交換（ATC）を行えば，工具交換時間（Chip to Chip）は見かけ上ゼロとなり，複合加工機の弱点ともいえる工具交換時間の長さを緩和する手段としても有効な方法である．

高精度化への機能として，機械構造の熱的安定性を高めるために機体冷却油循環構造を採用し，ボールねじ・ボールナットなどの送り系と，主軸台及び主要構造体へ冷却油を循環させることにより，熱の発生を抑止し機械全体の熱変形を抑制した（図16）．これにより環境温度変化による構造体への熱影響を抑えることができ，環境温度の変化による熱変位は従来機の約半分となり，長時間加工においても安定した加工精度を確保することができる．

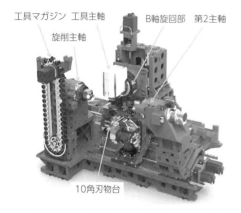

図15（b）複合加工機「NTX1000 2nd Generation」の構成

[2] ハイブリッド加工機

複合加工機の5軸加工の機能と，レーザを用いた金属積層の機能を1台に集約したハイブリッド加工機（機械加工＋金属積層）の外観と内部構造を図17に示す．

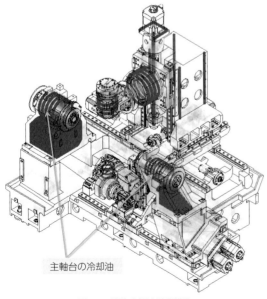

図16　機体冷却油循環構造

図17（a）ハイブリッド加工機「LASERTEC4300 3D」

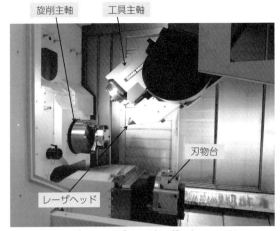

図17 (b) ハイブリッド加工機の加工ヘッド

① 基本形状の積層

② フランジ部の積層

③ フランジ部の穴あけ

④ 円錐部の積層

⑤ ボス部分の積層

⑥ 内径ミーリング加工

図18 レーザ積層と切削加工の例

搭載しているレーザはダイオードレーザで,約1 kg/h 程度の積層が可能で,Powder bed 方式に比べて10倍以上と非常に高速である.またレーザヘッドは旋回制御(B 軸)が可能で,工作物を回転軸(C 軸)で制御することにより,外径・端面・斜めの各方向から積層が可能である.

レーザヘッドは,積層工程中に工具主軸に装着され,旋削・ミーリング加工中には待機位置に収納される.レーザヘッドからはパウダとアルゴンガスが同時に吐出される.レーザを用いて金属を溶融するため,安全装備にも細心の注意を払っており,カバー,ドアインタロックを強化し,オペレータの安全を確保している.ハイブリッド加工機による加工工程例を図18 ①~⑥に示す.材料はSUS316L のタービンシェルで,50~125μm 程度の粒径の金属パウダを使用している.5軸機能を使用して常に最適な積層の姿勢が保たれるので,非常に効率のよい積層が可能である.

①ベース部分の積層工程
　外形φ100mm ×厚さ3 mm,送り1,000mm/min
②フランジ部の積層工程
　フランジ直径φ120mm ×厚さ3 mm
③積層したフランジにドリル加工
④円錐部の積層,⑤ボス部の積層
⑥内径ミーリング加工

7. 複合加工機の加工ワーク例

[1] ホブ加工(歯切り)

ホブ加工は旋削主軸と工具主軸の回転と送り軸(Z 軸)の動きを同期させた加工である.工具主軸を旋回できるB 軸を活用して,ホブカッタのリード角に容易に対応することができる.

図19はホブ加工を含むシャフトの加工事例で,シャフトの先端部にスプライン溝と中央部に偏心した軸がある.こうしたシャフト部品では,それぞれの部位の厳しい同軸精度が要求される.しかしながら,一般的な工程の流れでは旋削,偏心部の加工,ホブ加工がそれぞれ別々の機械で加工されるが,複合加工機ではそれらの加工や,キー溝などのミーリング加工を含め,すべてワンチャッキングで加工することができる.

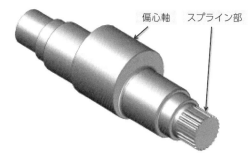

図19 偏心シャフト

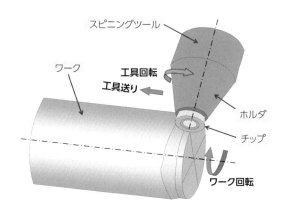

図20 スピニング，ターンミル加工

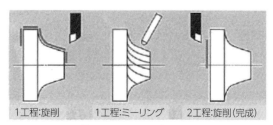

図21 インペラの加工工程

[2] スピニング，ターンミル加工

旋削主軸と工具主軸を同時に回転させる加工で，インコネルやステンレスなどの耐熱合金（難削材）加工に適している．通常の旋削加工では，工作物と切れ刃が連続的に接しているため，工具摩耗が激しい素材であれば，1つの部品加工中に工具交換が必要とされる場合がある．これでは自動運転の継続性や加工寸法の管理の面からも大きな問題である．これに対してスピニング，ターンミル加工（図20）は，Y軸と回転軸（B軸）および工具主軸を活用して，切れ刃が回転するため，フライス加工と同様に切れ刃が切削と冷却を繰返す断続切削であるため，工具寿命を延ばすことができる．

[3] インペラ加工

インペラは，小型のものは自動車の過給機に，大型のものは船舶の過給機や発電機，ジェットエンジンなどで使われる．これらは典型的な5軸加工部品である．従来は旋削加工されたものを素材として，ウォームギヤを用いた付加テーブルを持つ立型MCで加工されていた．

複合加工機による加工では，図21に示すように，旋削工程とミーリング工程を1台で工程集約できるため，工程間の無駄を省くことができ，大幅な効率向上が実現できた．

8. 今後の開発課題

今後，複合加工機のさらなる機能向上を図るには，3Dで設計された自由曲面などの複雑形状を容易にプログラムして，短時間で加工を完成させることや，搭載された多くの制御軸の相互位置の誤差が限りなくゼロになることを目指さなければならない．

そのためには，CAM機能の向上や機械全体の高精度・高剛性の実現，センシング技術の向上による診断機能やソフト機能の充実など，最新機能の開発と高度化を継続して続けていくことが必要である．

また，除去加工の機能だけでなく金属積層の機能も充実させ，部品の必要箇所のみに高価な材料を使用するなど，生産設備としての要求はさらに高まると思われる．

13 立型マシニングセンタの機能と加工例

1. 立型マシニングセンタの機能

　旋盤・複合加工機が軸対称の丸物部品の旋削加工を対象に発展してきたのに対し，箱物形状の加工を対象としたNCフライス盤をベースに，自動工具交換装置（ATC）を付加した自動化工作機械として進展してきたのがマシニングセンタ（MC）であり，ここでは，加工主軸が垂直となっている立型MCの特徴について，OKKにおける開発事例をもとに剛性や操作性の面から解説する．

[1] 構造上の特徴

　立型MCは主軸が重力軸方向と同じ向きに設置してある構造をいい，移動軸は基本的に直線軸のX,Y,Z軸の3軸で構成され，移動軸から見るとシンプルで直感的に座標位置がわかる．立型MCはテーブルの積載範囲が大きくとれ，移動軸のストロークを最大限に生かした設定も行なえる．また工作物の取付け，取外しが容易に行える点で，NC工作機械で最も一般的な工作機械といえる．

　立型MCの基本構造は，大まかに2種類に分類される．一つ目はテーブルがサドル，ベッドで受けて，コラムから主軸頭が突出した，いわゆるC形といわれるタイプで，切削抵抗をしっかりとベッド，コラムで受け剛性を重視した構造体である．図1に「VMシリーズ」のスケルトンを示す．切削能力を十分に引き出し，難削材や鋼の重切削に適した構造といえる．

　二つ目が，大型工作機械で多く採用されている門型タイプである．主軸頭がラム型構造で主軸頭本体の形が箱型構造になっており，幾何学的にも理想的な熱的対称構造となっている．工作機械の構造においては，この熱的対称構造には極めて大きな意味があり，構造

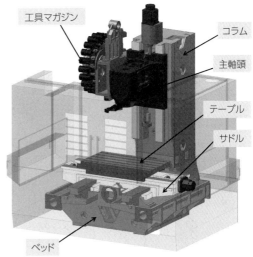

図1　C形コラムタイプの「VMシリーズ」

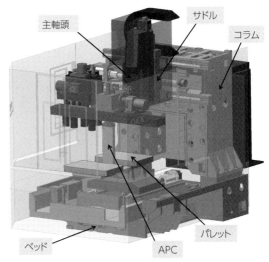

図2　門型タイプの「VPシリーズ」

体が主軸を中心に左右対称な構造を採用することで熱的変化の少ない，熱変位の影響が出にくい構造として，

最近の小型・中型の MC でも採用され主流になりつつある. 図2に示す小形 MC の「VP シリーズ」に門型構造を採用し, 高精度仕様機として製品化している.

[2] 剛性について

主軸頭の支持方法において, C 型コラムの場合, 主軸頭本体とコラムとの摺動部が一体化されているため, コラム側の高剛性と相まって, 剛性面ですぐれた構造となっている.「VM シリーズ」では, この構造を従来より継承し, すぐれた加工能力を発揮している. 門型構造ではラム型主軸頭で, Z 軸位置はコラムとサドルで支持されているため, 主軸頭の突出し長さによって剛性面で影響を受けることになる. Z 軸位置がテーブルに近いほど突出し量が大きく, ラム型主軸頭のたわみの影響が顕著になる.

[3] 操作性

立型 MC で作業者が加工を行なう場合, 工作物と工具の位置的情報を感覚的, 直感的に理解がしやすいのが大きな特徴である. すなわち, 工作物をテーブルへ搭載する場合には平置きにでき, また手で持った状態でそのまま工作物をテーブル上にセットでき, しかも座標軸が感覚的に理解しやすいことが挙げられる.

作業者が加工プログラムを作成する場合も同様で, 工作物に対する工具の位置が容易に理解できるところが立型 MC の特徴である. MC を初めて導入されるユーザは, こうした理由から立型 MC を最初に導入されるケースが多い.

[4] 効率化への対応

横型 MC と同様に, 工具マガジン(以下, MG という)本数の拡張や多連 APC(Automatic Pallet Changer)が実装でき, 多品種少量, 多量生産への対応が可能である. ほとんどの立型 MC が, MG をコラムに装着しているが, 工具本数が多い MG の場合には, コラムにかかる荷重が大きくなるため別置式で対応する場合がある.

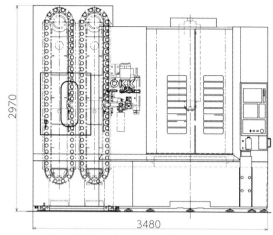

図3 立型 MC「VP600」の多連 MG 正面図

別置式では, 基本となるベース MG を連装することによって多量の工具本数に対応可能である. また, 碁盤状のマトリックス MG を組込む場合もあり, この方式の採用により大容量の工具本数も格納でき, 工具本数の多い加工や多品種の工作物への対応が可能となっている.

図3 に「VP シリーズ」の多連 MG の例を示す. 加工方法の効率化, 設備の拡張も含めて柔軟な対応が可能となっている.

[5] 量産ライン対応

自動車部品などの量産加工ライン構成において, 加工精度が重要視される工程では立型 MC を採用するケースが多い. たとえばシリンダブロックのガスケット面の加工では, 大径フライスカッタを使用して加工面の全幅を1パスで加工する必要がある. 加工面の表面粗さや平面度に対する要求が厳しく, 1パスで効率よく加工するためには, 工作物搬送の際にガスケット面を上にして搬送することもあり, 初工程で立型 MC を選定することになる.

シリンダブロックのボア穴のファインボーリング加工を行なう場合にも, 立型 MC が選定される. ボア穴径が大きい場合には, 工具長さや工具質量が大きく

なるため，工具のたわみが加工精度に影響する．立型MCにおいては，工具質量によるたわみの影響を受けにくいため，ボア穴の穴径，真円度，円筒度に関して高精度の加工が可能となる．

[6] 4軸・5軸制御への対応

テーブル上に付加2軸制御の円テーブルを搭載することにより，容易に5軸制御機としての対応が可能となる．1軸付加制御の円テーブルは，傾斜軸（一般に「ゆりかご」と呼ばれる）を搭載することで，任意の角度での割出し面の加工ができる．また2軸円テーブルを搭載することにより5軸制御仕様機として対応でき，ブレード加工や複雑形状の3次元形状を容易に加工できる．

2. 要求仕様

要求仕様は，ユーザーからの要求や市場動向を勘案して決定しているが，まとめると表1のようになる．本体仕様は，機械コンセプトを考えターゲットユーザーや市場動向を見極めて決定していくものである．機械構造を考える上で剛性，高精度，高速化などは，前述の機械コンセプトをベースに検討していく必要がある．

OKKでは，「削れる機械」，「切削能力の高い機械」が開発コンセプトになっており，立型・横型MCの「Rシリーズ」には高剛性指向の設計思想が盛り込まれている．

最近の要求事項のなかに，ダウンサイジングの要求が多くなってきている．限定された設置場所で設置面積を効率よく活用するには，機械の設置占有面積を小さくする必要がある．とくに機械を隣接して並べる場合には，機械幅寸法が重要となり構想設計時に考慮が必要である．また，量産部品加工ユーザーに納入する場合，大量に発生する機械内の切りくず処理性が問題となる．切りくずを機内に滞留させない構造となっているか，容易に機外へ排出できる構造か，排出した後，チップバケットに確実に回収される構造になっているかが重要となる．

3. デザインポリシと剛性

OKKのデザインポリシは一貫して，「削りにこだわる，削りのOKK」に集約される．製品化した工作機械は多種多様であるが，そこには先輩諸氏から脈々と受け継いできたOKKスプリット，すなわち機械

表1 要求事項と対応表

	要求項目	対 応
1	本体仕様	工作物サイズや加工内容により，機械のストローク，積載寸法，重量を決定，機械の開発コンセプトに影響．
2	機械剛性	加工能力や静的精度，経年変化の影響を受け，機械のコンセプトに合わせていく．
3	高精度	位置決め精度の向上，熱変形の抑制できる構造的設計，機械周辺の環境に対応する設計が必要．
4	環境対応	環境影響側面を考慮し製品に盛り込む設計が必要．
5	省スペース	機械設置スペースが小さくなってきている．機械幅の縮小化の要求がありダウンサイジングが必要．
6	切りくず処理の容易化	機内に切りくずを滞留させない構造に，平らな部分を作らない．容易に機外へ排出できる構造が必要．
7	省エネルギ	機械消費電力の低減．待機時の消費電力削減や回生を利用した電力の低減を盛り込む．
8	周辺装置の充実	標準仕様以外の要求をどこまえ準備するか，オプション類の仕様を決めて揃える．
9	無人化対応	効率向上のため，ロボットや多連APCを利用し無人化，24時間（長時間）稼働を考える．
10	納期	機械が必要なタイミングと機械納入日を合わせる．希望納期の対応が重要．
11	価格	市場価格にどう合わせていくかがコスト試算時に重要．コスト低減，海外調達など．
12	サービス	プレ・アフターサービスを含めて即応体制が必要．生産設備に盛り込まれている機械のため，サービスの充実を図る．
13	操作性	作業者に優しい操作性が必要．作業姿勢，メインテナンス位置などの人間工学的な設計上の配慮が必要．
14	保守メインテナンス	メインテナンス機器類の集中化，日常点検などメインテナンスの容易化への配慮が必要．

剛性の高い「削りにこだわる」という考えが受け継がれている．ここ数年の製品では，原点に戻り基本に忠実な高剛性と高精度を追求し開発した最新鋭機「MCH8000R」，「VM53R」を始めとする「Rシリーズ」の開発製品化を継続的に行なっている．

[1] 本体構造について

必要な剛性を確保し，長時間，長期間使用においても安定した精度や機械姿勢が保持できる「C形コラムタイプ」，「ベッドスタイル」を採用している．力の流れが分散され，重量工作物や加工時の切削抵抗を確実に受け止められる構造となっている．図4に「VMシリーズ」のスケルトン写真を示す．

[2] 切削性能と構成要素

主軸ユニットについては，主軸剛性をどこまで上げるかで設計仕様が決定される．主軸軸受の剛性については，アキシャル剛性を測定して判断している．アキシャル剛性を高めるため，主軸への組込み後の内部すきまを計算し，アキシャル剛性を目標の剛性値まで高める必要がある．

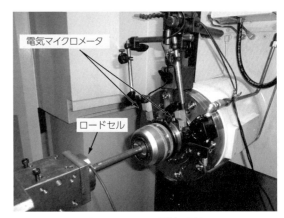

図5　アキシャル剛性の測定

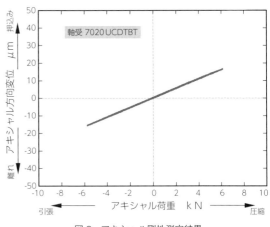

図6　アキシャル剛性測定結果

一般的には，7/24テーパNo.50主軸（φ120アンギュラ玉軸受）で回転速度6000min^{-1}仕様の軸受であれば，剛性値として300〜400N/μmが必要である．組込み後の確認は，主軸の静剛性測定や固有振動数などで評価している．図5，図6にアキシャル剛性の測定状況と測定結果を示す．

[3] 送り系

送り系の案内面構造には，角形すべり案内面ところがり案内面の2種類があり，当社では，高剛性と高速高精度の考え方から使い分けをしている．一般的に角

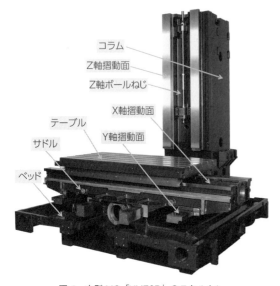

図4　立型MC「VM76R」のスケルトン

形すべり案内（**写真7**）は高剛性仕様機（Rシリーズ）で，ころがり案内は高速高精度仕様機（VP，KCV，HM，HMCシリーズ）に採用している．

送り駆動系の要素の一つにボールねじ（以下，BSという）があり，これの支持方法によって送り系の剛性が大きく変化することになる．当社ではダブルアンカ・プリテンション方式を採用し，BSの高剛性化を図っている．本方法の採用により，従来の固定－自由のいわゆるシングルアンカ方式に比べて約1.5倍の剛性向上が実現している．**図8**に，BSの両端を4列のアンギュラ玉軸受で支持し，両端を適切な量で引張り予圧を与えた構造の概略を示す．

また，**写真9**に示すように中空BSに機械本体と同じ温度の冷却油を循環させることにより，発熱によるボールねじの伸びを軽減させ，位置決め精度を向上さ

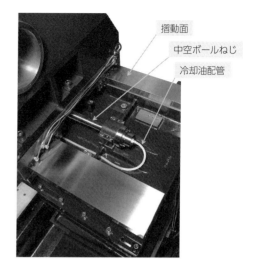

写真9　BS冷却部

せている．

[4] 本体

本体鋳物の構造設計の考え方は，角形すべり案内面を採用し，ベッド鋳物の肉厚を厚くして本体剛性を高めている．また，コラムの角形すべり案内面の摺動部幅を220mmとワイド化することにより，移動体の荷重変化による変形量を大幅に低減させている．

[5] 長寿命，信頼性

機械本体の経験的な寿命は，数10年前までは15～20年と一般的にいわれていたが，近年NC装置の進

写真7　角形すべり案内面

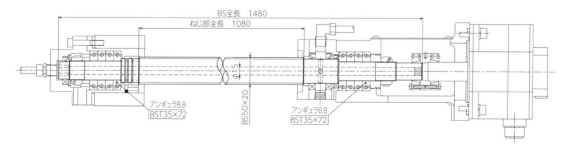

図8　ダブルアンカ・プリテンションの概略

化や非切削時間の短縮により24時間365日フル稼働の過酷な使用環境に変化してきており，とくに自動車部品の量産加工において顕著で，実質的寿命は3～5年と短くなってきている．

工作機械の構成要素の寿命や繰返し回数は，機械のコンセプトやターゲットワークなどによっても大きく異なり，オールマイティな対応を1台の機械で実現することは現実的に（経済的，構造的に），仕様過剰な機械となってしまう．このため，ある程度専用的な使用条件や使用環境に限定して，顧客の要求仕様に合致した構想設計を行なうことが必要となる．

また，稼働中に不具合が発生した場合には，FEMA（Failure Mode and Effect Analysis：故障モード影響解析）やFTA（Fault Tree Analysis：故障の木解析）を活用して不具合の解析，影響評価を実施し量産機へ即反映していく必要がある．

4. 立型MCの例

これまで述べてきたデザインポリシを，具体的に実現した立型MC「VM660R」の外観と主要仕様を**写真10**，**表2**に示す．

角形すべり案内面の特徴を活かして難削材などの高

表2 立型MC「VM660R」の主な仕様

項目	単位	仕様
X×Y×Z軸移動量	mm	1,300×660×660
テーブル作業面の大きさ	mm	1,400×660
テーブル上最大積載質量	kg	2,000
主軸回転速度	min^{-1}	25～4,500
主軸テーパ		7/24テーパ No.50
主軸用モータ	kW	18.5（30min）/15（連続）
主軸最大トルク	N・m	1.195
早送り速度 X×Y×Z	m/min	24×24×20
切削送り速度	mm/min	1～20
機械高さ	mm	3,215
所要床面積	mm	3,600×3,655
機械質量	kg	11,500

効率加工を可能とし，クラス最大級の重切削性能を発揮している．

本体構造の主構成要素であるベッドとコラムは，鋳物の利点を活かし，適切なリブ配置とトライアングルリブを組み合せた高剛性箱型構造を採用し，加工時に発生する振動を減衰させ重切削加工を可能としている．**写真11**に本機のスケルトンを示す．

主軸端は7/24テーパNo.50で，**表3**に示す10種類の主軸バリエーションを加工内容に合わせて選択することができる．重切削加工にはギヤ主軸，高速加工にはMS主軸（ビルトインモータ主軸）が用意されて

写真10 立型MC「VM660R」外観

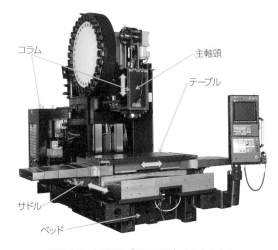

写真11 立型MC「VM660R」のスケルトン

表3 立型MC「VM660R」の主軸バリエーション

	主軸回転数 min⁻¹	主軸モータ kW	主軸最大トルクN・m (30分/連続)	
ギヤ主軸	25～4,500	18/15	1,194/968	標準
	25～4,500	22/18.5	1,421/1,194	OP
	25～4,500	26/22	1,679/1,421	OP
	25～6,000	18.5/15	893/724	OP
	25～6,000	22/28.5	1,063/893	OP
	25～6,000	26/22	1,256/1,063	OP
	25～8,000	18.5/16	537/435	OP
	25～8,000	22/18.5	639/537	OP
	25～8,000	26/22	755/639	OP
MS主軸	35～12,000	30/25	三菱：420 (250%ED) /204 FANUC：420 (25%ED) /238	OP

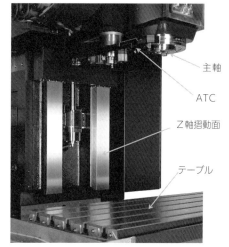

写真12 立型MC「VM660R」のZ軸摺動面

いる．

　ギヤ主軸では，内径φ120mmの4列組み合せアンギュラ玉軸受を採用して主軸剛性を高め，さらに主軸駆動に3段ギヤ構造を採用し，主軸トルクを最大限に引出している．主軸バリエーションは，3種類の回転数と3種類の主軸モータの組み合せになっており，低速高馬力の組み合せでは主軸トルク1,679Nm（30分定格）とクラス最大級を実現している．MS主軸の最高回転速度は12,000min⁻¹で，30/25kWのビルトインモータを採用し，主軸トルク420Nmを実現している．

　送り案内面には精度と剛性にすぐれた角形すべり案内面のワイドサイズを採用している．**写真12**にZ軸の摺動面を示す．

　送りボールねじは，大径／小リードボールねじ（X軸：φ45×10mm，Z軸：φ50×8mm）を採用し，その支持はダブルアンカ・プリテンション方式とし，送り系の軸剛性を高めるとともに，送り分解能の向上を図っている．

　テーブルは**写真13**に示すように1400×660mmと広く，最大質量2000kgの積載ができ，テーブルが左右前後移動時にサドルからオーバハングのない構造とし，広い加工エリアを確保している．機械天井部まで扉が開くことで，クレーン作業での工作物の積み降ろしが容易に行なえる構造になっている．

　切りくず処理については，**写真14**に示すように，

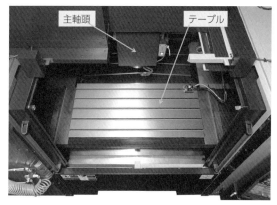

写真13 立型MC「VM660R」のテーブル

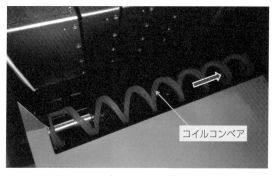

写真14 テーブル前後方向のコイルコンベア

テーブル後部から機外へ，コイルコンベアによって排出させる構造となっている．切削量が多いため，コイルの回転数やトイの断面積も排出量を考慮した設計となっている．

切削能力については主軸回転数 4,500min^{-1}，モータ 26/22kW の低速高馬力の組み合わせのギヤ主軸の場合，被削材 S45C の正面フライス加工において切込み 6mm で切削除去量 690cm^3/min，側面フライス加工では，軸方向切込み 40mm で切削量 840cm^3/min とそれぞれ最高ランクの重切削能力が発揮されている．

さらに本機の高精度仕様として，角形すべり案内面の摩擦による位置決め誤差（ロストモーション）を軽減するため，表面絞り型の静圧空気軸受を併用したハイブリッド案内面[1]をX，Y軸に採用した（図15）．その結果，位置決め精度の向上が図られ，高剛性かつ高精度な加工が可能となった．

表面絞り型静圧空気軸受パッド（図16）は，フッ素系樹脂の摺動部材のきさげ面に□70mm の静圧軸受面を形成し，圧縮空気は φ1mm の絞りを経由して幅3mm，深さ0.5mm のX形エア供給溝に供給される．そして，きさげ加工を施した軸受パッド面と研削仕上げ摺動面との間にエアが導かれ，それらのすきまの面絞り効果を利用して軸受圧力を発生させている（図17）．

X形の溝形状は空気軸受の圧力分布の解析結果から，エア消費量が少なく，しかも負荷容量が大きい最適な形状として選択した．なお，1パッド当たりの負

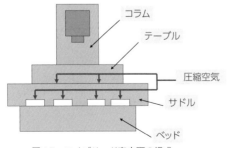

図15 ハイブリッド案内面の構成

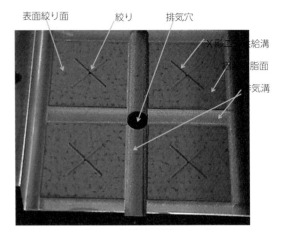

図16 静圧空気軸受のパッド

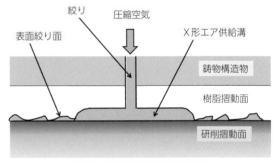

図17 表面絞り型静圧空気軸受

荷容量はエア供給圧 0.4MPa において 80kgf 以上の負荷容量を有し，各摺動面に複数個配置し，負荷の軽減を図っている．ただし，排気溝および排気穴の断面積が小さい場合，十分な圧力差がえられないため，負荷容量が小さくなるので設計上の注意が必要である．

ハイブリッド案内面の効果の例を図18，図19および図20に示す．図18は，±20μm 振幅の三角波状入力に対する 1μm ステップ送りの追従特性を示したもので，精確な微細送り特性を示している．

図19は，供給空気圧によるロストモーションの変化を示したもので，供給空気圧を上げることによりロストモーションが改善されているのがわかる．ロストモーションの改善効果として，図20に示す真円加工時の象限切り換え部の段差が解消されて滑らかにな

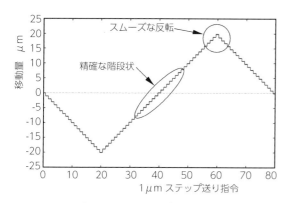

図18 1μmステップ送り特性

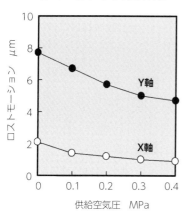

図19 ロストモーションの変化

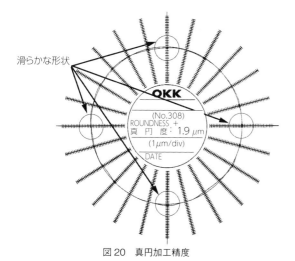

図20 真円加工精度

り，高精度な真円加工精度が得られている．

5. 5軸MCの特徴と加工事例

5軸制御MCは，回転2軸の駆動系をテーブル側，主軸側のどちらに持たせるかによって種々の機械形態の5軸MCを製品化している．立型の例として「VC-Xシリーズ」の外観とスケルトンを**写真21**，**写真22**に示す．

本シリーズは汎用性，省スペース性，ワークサイズ

写真21 5軸MC「VC-X500」外観

写真22 5軸MC「VC-X500」スケルトン

などを考慮してテーブル側直動1軸＋回転軸2軸，主軸側直動2軸の機械形態を採用しており，ストロークの違いによって3種類のラインナップで構成されている．なかでも上位機種である「VC-X500」と「VP9000-5AX」は，機械が大型化しても工作物への接近性が犠牲にならないように主軸とテーブルとの位置関係を工夫している．そのほか「VC-X500」に関しては，補給の必要な機器類をオペレータ側の横に配置し，工具本数156本であればフロアスペースが標準仕様とほとんど変わらないようなマガジン構造にし，多品種加工で問題となるオペレータの作業性や拡張性についても考慮された機械となっている．

　5軸制御MCは3軸仕様機に比べると回転系の2軸が加わるため，精度面においては課題が残る．それは回転軸と直動軸との芯ずれや回転軸自体の傾きなどの幾何誤差が原因で，たとえ機械を作り込んだ段階では調整されていたとしても使用環境で容易に変化してしまう．

　このような幾何誤差を発生させる5軸機特有の要因として8項目存在するため，熟練したオペレータであっても調整には非常に多くの時間を要する．そこでこれらの調整を容易に自動で行なうための補正機能「A5system」を用意している．操作方法はワーク計測用のタッチセンサを使用し，オペレータは画面の指示に従って基準となる球をテーブルにセットすれば，あとはボタンを押すことでよい．

　次に，5軸MCでの加工事例を紹介する．

[1] 難削材加工

　写真23は航空機部品の加工サンプルで，300×200×40mmのチタン合金（Ti-6Al-4V）を無垢材から削り出した．テーブル2軸回転型5軸機「VG5000」を使用し，加工時間は3時間45分であった．

[2] 高能率金型加工

　写真24はダイカスト用金型の加工サンプルで，250×250×300mmのアルミ・亜鉛ダイカスト用金型材

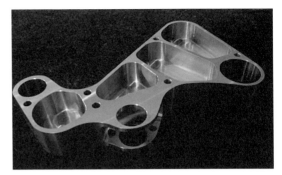

写真23　チタン合金航空機部品の加工

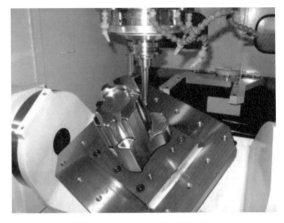

写真24　ダイカスト用金型の加工

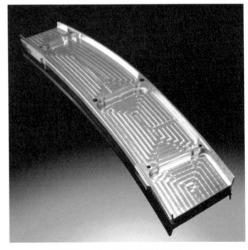

写真25　アルミ航空機部品の加工

料DAC(SKD61)の無垢材を,1チャッキングで荒加工から仕上げ加工まで多面割出し加工した.テーブル2軸回転型5軸機「VG5000」を使用し,加工時間は11時間59分であった.

[3] 航空機部品加工

写真25は航空機部品の加工サンプルで,1200 × 350 × 60mmのアルミ(A7075)を無垢材から削出し加工した.ロングテーブル仕様の主軸ヘッド2軸回転型5軸機「KCV800-5 AX)」にて加工した.

<参考文献>
1) 椙尾茂樹,幸田盛堂ほか:大型立型マシニングセンタMCV1060の開発,型技術,13巻8号(1998),p.4

14 横型マシニングセンタと加工例

1. 横型マシニングセンタの基本構造

　加工主軸の向きが水平（横方向）に設定されたのが横型マシニングセンタ（横型MC）であり，工作物を設置するテーブルが旋回し，カップリングや位置決めピン等による角度割出し（割出しテーブル）または数値制御による連続位置決め（NCテーブル）により，工作物のテーブルへの取付け面と上面を除いた外周側面すべてを対象とした加工が可能となる．

　また，加工面が垂直であるので切りくずや切削油剤の排出性にすぐれ回収が容易である．

　このような特徴から，横型MCは自動化・無人化に適しており，自動パレット交換装置（APC）を装備する機械が多い．また，多数のパレットを保管するストッカを装備して長時間自動運転に対応したり，多数の機械を無人搬送車でつないだ加工システムを構築することも可能である．さらに，ロボットを利用して工作物の段取りや洗浄・バリ取りなどの自動化も実用化されている．

　このように，横型MCは直線3軸と旋回1軸とで構成される4軸加工機と捉えることができるが，さらに1軸旋回軸を追加し5軸加工機とすることで，工作物の外周側面に加えて上面からの加工も可能となる．工作物を一度チャッキングすると取付け面以外の任意の方向からの加工が可能となり，多数の工程で加工を行なっていた工作物の段取り回数を減らすことで，さらなる自動化や生産性の向上につなげることができる．

　また，工程を削減することで段取り替えによる精度劣化も防ぐことができる．ただし，各軸の誤差の積み重ねが工作物と工具の位置関係の誤差に影響することになり，5軸制御MCに対する要求精度は必然的に高くなってくる．

　横型MCの基本構造は，加工内容や工作物の大きさによって多様であるが，ここでは当社の主力機種であるコラムトラベリング形の横型MCについて，コラム前後移動タイプ（図1）とコラム左右移動タイプ（図2）の2種類について，安田工業における開発例

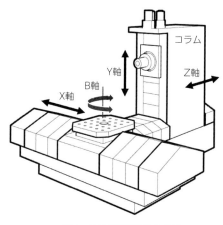

図1　コラム前後移動タイプ

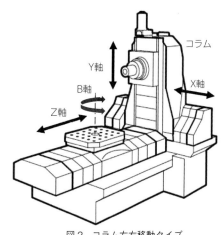

図2　コラム左右移動タイプ

をもとに，その特徴や課題について生産性や加工精度の観点から説明する．さらに，上記2タイプの基本構造の横型MCに対し，どのように5軸機に発展するかについて説明する．

2. コラム前後移動タイプの特徴

[1] 基本構造

コラム前後移動タイプの横型MC「YBM 7T」の外観を**写真3**に，主な仕様を**表1**に示す．

横中ぐり盤をベースに開発されたマシニングセンタの軸構成で，XY軸で平面を加工し，Z軸移動によって中ぐり加工するという工程に適している．対象となる工作物はギヤボックス，ポンプのケーシング，印刷機のフレーム，工作機械のヘッド・サドルなどで，その工作物の大きさから中・大形MCでの採用が多い．

Z軸移動による加工時の切削反力によって，移動体へのヨーイング方向のモーメント荷重が発生しないため，Z軸移動の真直性を確保しやすく，高精度中ぐり加工に適する．ギヤボックスなどの箱物形状の工作物の場合，90°毎の加工面の平行度や直角度，各面に対する中ぐり穴の直角度・位置度，180°反転ボーリングの同心度などが要求される．

[2] 精度安定性とその対策

機械のX, Y, Z, B軸の幾何学的精度は，コラムやテーブルの変形，それら移動体の移動時の真直度(コラムであればZ軸，テーブルであればX軸)の変化に起因する場合もあるが，使用環境の影響を受けやすいのがコラムの前後左右の傾きやテーブル旋回軸(B軸)の前後左右の傾きである．

使用環境温度の変化，たとえば機械の上下左右前後の周囲温度の不均一や，機械の構成部品の肉厚の差などによる熱容量の不均一性により，機械本体の温度分布は不均一となり機械の曲がりやねじれが発生する．

機械を左右熱対称構造にすることである程度の効果があるが，機械の構造上前後・上下方向には対称にできない．そのためコラムやテーブルの前後方向の傾きによるZ軸方向の変位が発生しやすい．このように横型MCはコラム側・テーブル側それぞれの基本ユニットの姿勢の変化が，精度に大きく影響することになる．

このため環境温度の変化など熱的影響を抑制し精度安定性を確保する目的で，**図4**に示す温度制御システムを採用している．

機体温度制御装置は，周囲温度の変化に起因する機械の変位を最小限に抑えるためのもので，機械本体のある基準温度に対して±0.2℃以内に温度制御された熱交換液をベッド，コラムやサドルなどの主要構造物

写真3 横型MC「YBM 7T」外観

表1 横型MC「YBM 7T」主な仕様

移動量	X軸 (mm)	950
	Y軸 (mm)	800
	Z軸 (mm)	800
早送り速度	X/Y/Z軸 (m/min)	48
主軸	回転速度 (min^{-1})	10,000
	テーパ穴	ISO No.50
	主軸用モータ (kW)	AC18.5/22
テーブル作業面	(mm)	□630
テーブル積載可能	最大径 (mm)	φ1,000
	質量 (kg)	1,200

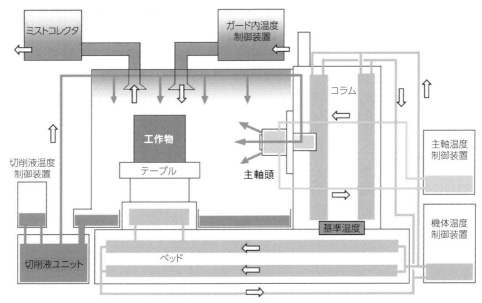

図4 機械全体の温度制御システム

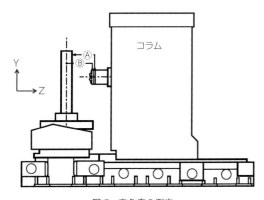

図5 直角度の測定

に循環させ,機械各部の温度を均一に保つ機能である.本機能の効果を確認するため,図5に示すように,テーブル上に円筒定盤を設置し,主軸からインジケータにより円筒定盤の正面と側面を定盤の上部から下部にわたって700mmの範囲で測定することで,テーブル上面とY軸の動きの直角度を評価した.

1日の室温変化を想定して,周囲温度および上下温度差を約10℃変化させて上記直角度を測定した.図6は機体温度制御装置OFF,ON状態での測定結果である.円筒の正面Ⓐ(Z方向)のデータは,制御装置OFFの状態では+12〜-3μm,ONの状態では+3〜-3μmとなっており効果が大きいことがわかる.円筒の側面Ⓑ(X方向)については,左右対称構造から本来変位は小さいものの,さらに改善がなされている.

一方,実際の加工状況では,加工空間はスプラッシュガードで密閉され,ガード内は切削油剤のミストで充満している.重切削時には大量の切削熱が発生し,切削油剤供給ポンプによる発熱,とくに高圧ポンプを使用する場合は大きな発熱を伴うことになり,ガード内は複雑な温度状況となる.

しかも切削油剤の種類や揮発性の違いによっても温度に影響する場合がある.水溶性の場合には気化熱により温度は低下傾向にあり,またミストコレクタを使用した場合には湿度が下がり,温度の低下傾向はさらに大きくなる.

また工作物自体の温度制御の必要性は当然として,通常コラムの前部はスプラッシュガード内に,後部は

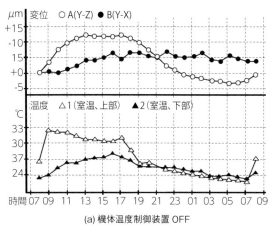
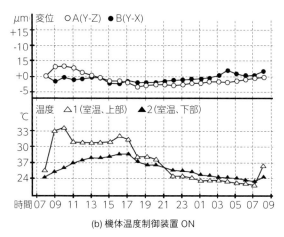

図6　機体温度制御の効果

ガードの外にあるため，ガード内の温度制御が加工精度の安定に欠かせない．このようにガード内温度の安定化に，切削液温度制御装置は非常に重要となる．

水溶性の切削液の場合は制御温度を多少プラス側に設定し，油性の場合は多少マイナス側に設定するという運用を実際の状況に合わせて行なうと効果的に機能する．さらにガード内の温度を高精度にコントロールする必要がある場合は，ガード内温度制御装置が必要となる．

[3] 操作性の向上

加工精度の要求が高いほど，作業者による加工状況（工具の摩耗状況や中ぐり穴径や表面粗さ等）の確認作業が必要となってくる．この際，確実な状況把握には作業者の加工ポイントへの接近性が重要となる．この機械構造ではコラム移動時（Z軸）も作業者から工具への距離があまり変化しないため，接近性にすぐれているといえる．

スプラッシュガードのドアを閉めた状態においても，加工ポイントが目視しやすいように窓の配置を最適化し，Z軸のカバーを作業者用のステップと兼用するなどの工夫がなされている．インターロックにより安全性を確保しながら，作業性の改善が進められている．

[4] 切削能力の向上

中・大物部品加工の生産性という点で重切削能力は重要な要素であり，剛性や振動の減衰性が求められることから，各移動軸の案内面にはすべり案内を採用するケースが多い．また，中ぐり加工や平面の仕上げ加工におけるびびり振動の抑制や表面粗さの向上に対しても，すべり案内の効果が期待できる．反面，摺動面の発熱により送りの高速化には困難を伴う．

この対策として，本機では摺動面の面圧を最適化することで，パレットサイズ□630mmの機械で早送り速度48m/minを実現している．

[5] 高精度化対策と加工精度例

一般の横型MCでは，主軸頭の中心に主軸が配置されるため，Y軸駆動用のボールねじは主軸頭の中心から左右どちらかにシフトした位置に配置される．この場合，駆動時の姿勢変化や高速移動時の発熱によるコラム左右の温度のアンバランスが懸念される．

対策として，主軸頭上部中心位置にスクリューを取

付けナット回転にて駆動する方法がある．駆動時の姿勢変化も少なく，発熱によるコラムへの影響も少ない．ただし，ボールねじにテンション（予張力）がかけられないため，剛性を確保するためにはボールねじのサイズアップが必要となり，その結果送り速度の制限を受けることになる．

高速性能も同時に確保するため，本機では主軸の両側に2本のボールねじを配置するツインボールねじ方式を採用し，さらに主軸頭のバランスシリンダを廃止したことで，Y軸反転時の姿勢変化が減少し追従性も改善された．

図7はXY面での円弧補間精度を，DBB測定（**前述10章3節**参照）を用いて従来機と比較したもので，CW/CCW両方向の線が一つの図に記入されている．R50・F5,000mm/minでのY軸反転時の象限突起の状態が従来機のR100・F500mm/minとほぼ同等となっており，従来機に比べ高速領域まで円弧補間精度が確保されているのがわかる．

図8はXY平面での円弧補間による真円加工精度の測定結果である．加工条件は，φ15mm×3枚刃エンドミル，$S=8000min^{-1}$，F=2,000mm/min，Rd=0.05mm，被削材A5052で，真円度は1.9μmの結果がえられている．

3. コラム左右移動タイプ横型MC

[1] 基本構造

コラム左右移動タイプ（図9）は，コラム前後移動タイプに比べて，ATC動作時における主軸の工具交換位置への接近性がよい．場合によってはX軸移動をATC動作の一部として利用可能である．工具交換時間の短縮やATCユニットのコストダウン，スペースの有効利用につながる．

また，パレット交換（APC）時のテーブルの交換位置への接近性が良い．Z軸移動をパレット交換動作に利用することにより，交換時間の短縮，交換ユニットのコスト低減，機械全体の設置スペースの削減につながる．

これらの利点から，比較的加工時間の短い小・中物部品を高速に加工するといった生産性を重視した機械に適した基本構造といえる．

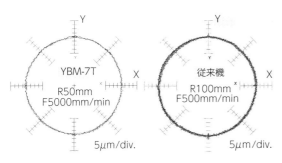

図7 円弧補間精度(DBBデータ)

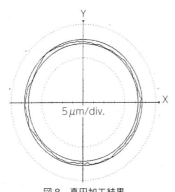

図8 真円加工結果

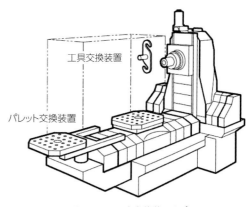

図9 コラム左右移動タイプ

[2] 精度安定性

熱に起因する変位に関しては，コラム前後移動タイプと同様な課題を持っている．

[3] 操作性

コラムが作業者から遠くなる場合があること，工作物と工具が接近した状態では作業者が介入するスペースがないことから，コラム前後移動タイプに比べると，加工途中の作業者による加工状況の確認が，困難である．

[4] 加工能力

ATCやAPCなどのサイクル時間の短縮や，各軸の送り速度を上げて位置決め時間を短縮することで，非切削時間を削減し生産性の向上を進めることができる．そのため各移動軸の案内構造はころがり案内の採用が多く，駆動系には長リードボールねじが多く使われている．コラム前後移動タイプのような重切削よりも軽切削・高速加工に重点を置いた機械となっている．

4. 横型 MC をベースとした5軸加工機

5軸制御マシニングセンタは，直線3軸（X, Y, Z）と回転2軸（ABCの内の2軸）で構成され，直線軸と回転軸の構成上大きく次の3つのタイプに分けられる．

　①主軸頭旋回形（主軸頭側に回転2軸）
　②テーブル旋回形（テーブル側に回転2軸）
　③混合形（主軸頭に回転1軸，テーブル側に回転1軸）

ここではコラム前後移動タイプとコラム左右移動タイプの基本構造をベースにした5軸制御MCを，テーブル旋回形であるテーブル・オン・テーブルタイプとテーブルチルトタイプ（トラニオンタイプ）の2つのタイプについて述べる．

図10にコラム前後移動タイプをベースにしたテー

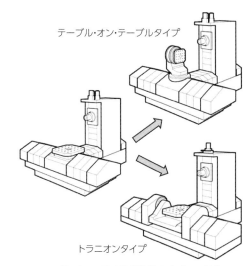

図10　コラム前後移動タイプの5軸化

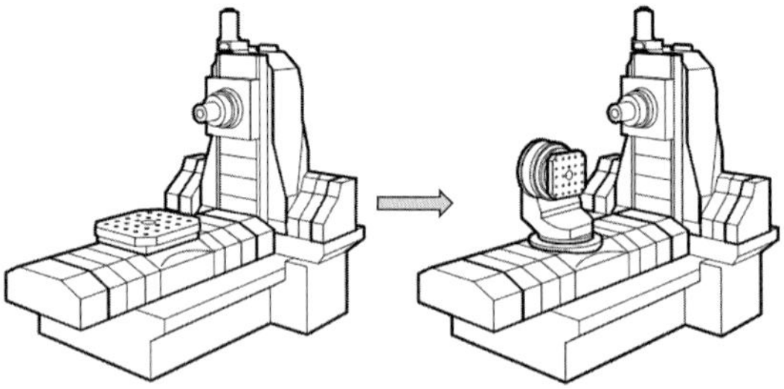

図11　コラム左右移動タイプの5軸化

ブル・オン・テーブルタイプとトラニオンタイプを，図11にコラム左右移動タイプをベースにしたテーブル・オン・テーブルタイプを示す．

テーブル・オン・テーブルタイプは，4軸機のテーブル上に1軸回転軸を追加した構造で，B軸の上にC軸が載る形となり，以下の利点がある．

　①C軸周りに構造物がないため主軸とテーブルの干渉が少なく，工作物と工具の接近性がよい．
　②B軸旋回時のイナーシャが小さくできるので高速回転に適している．

③B軸旋回時の荷重状態の変化がないため，静的精度は確保しやすい．
④パレットが直立しているため切りくずの排出性がよい．

デメリットとしては，工作物の質量によりテーブルのたわみが変化するため，精度を要求する加工の場合には注意が必要である．このため，比較的小物部品を対象にした生産性を重視した加工に適する．

5軸制御MCの最大のメリットである任意の方向からの加工が可能ということから，通常工作物は1パレットに1つ設置される．そのため長時間連続運転には多数のパレットや工具を装備することとなる．ただし，直立したパレットを確実に安定して交換できる構造の交換装置が必要となる．

このタイプには5軸専用機としてではなく，多面パレット仕様の横型MCのパレット上に1軸ロータリユニットを追加した仕様も考えられる．パレットをロータリユニットごと交換することになる．ユニットを設置したパレットを機内に搬入した場合は5軸機として，ユニットを設置していないパレットの場合は通常の4軸機としての使用が可能である．試作などの部品加工や5軸入門機として適している．ただし，直立したロータリテーブル上への工作物の段取りが困難なので，傾転装置などの機能があると作業性は向上するが生産性は低い．

トラニオンタイプとは，トラニオンという構造体でテーブルユニットの両端を支える構造をいい，テーブル（B軸）ユニットがチルト（A軸）する構造となっている．トラニオン部にはA軸の駆動機構や軸受が組込まれている．チルトするテーブルユニットはその形状と動きからクレードル（ゆりかご）と呼ばれる．

テーブルユニットを両軸で支えているため，テーブル・オン・テーブルに比べると剛性が高く，工作物質量のひずみへの影響も少ないため中・大物工作物の加工に適している．しかしクレードルユニットのイナーシャが大きく高速化が困難である．またA軸旋回時（チルト傾斜時）にユニットの重心移動によるモーメント荷重変化が大きいため，トラニオンやクレードルの複雑なひずみを引き起こし，AB軸の幾何学的精度に影響を及ぼす．また，旋回中に駆動力が変化し，反転時には自重が反対に働くため高精度な位置制御も難しい．バランスシリンダなどを利用する方法があるが，全ストロークにわたって的確にバランスをとることはむずかしい．

5．テーブル・オン・テーブルタイプ5軸機

[1] コラム前後移動タイプの5軸機「YBM 7Ti」

コラム前後移動タイプの横型MCは中・大物工作物を対象に重切削性を重視し，テーブル・オン・テーブルタイプの2軸回転ユニットは高速性が特徴となっている．この組み合わせはそれぞれの特性に相反するようにも思われるが，お互いの欠点を改善できれば，高剛性・高速性を活かした機械となる．**写真12**にテーブルサイズ□500mmの機械の外観を示す．

本機はすべり案内で早送り48m/minを実現している．また，2軸回転ユニットは高剛性のローラベアリングの採用と専用パレットチャッキング機構とカービックカップリングの採用，ユニット本体の高剛性設計等により剛性の高いユニットとなっている．駆動に

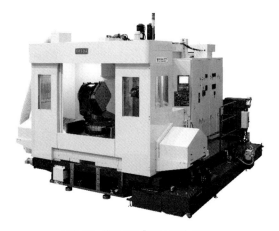

写真12　横型MC「YBM 7Ti」外観

写真13　ブリスクの加工

写真14　タービンディスクの加工

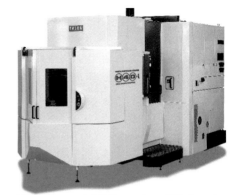

写真15　コラム左右移動タイプの5軸機「H40i」

[2] コラム左右移動タイプの5軸機

　コラム左右移動タイプとテーブル・オン・テーブルの組み合わせは，前述したようにそれぞれの特徴が小・中物部品の高速加工ということから相性はよい．課題としてはパレットが直立しているため，また工作物質量の変化がパレット交換時にモーメント荷重の変化として働くため，高速で安定したパレット交換が困難ということが挙げられる．**写真15**に主軸テーパNo.40で主軸回転速度2万min^{-1}，テーブルサイズ□400mmの「H40i」の外観を示す．

　本機は，工作物質量変化の影響を受けない安定したパレット交換を行える機構を備えており，また工作物段取り時にはパレットが水平となるような傾転機能を

はDD（ダイレクトドライブ）モータを採用し，モータ周辺のジャケット冷却や鋳物内部の冷却も行っている．高剛性・高速性・精度安定性を兼ね備えた機械となっている．

　高剛性・高速性・接近性などの特徴を活かし，チタン合金やインコネルなどの難削材の部品を効率よく加工した例として，**写真13**にブリスク，**写真14**にタービンディスクの加工状況を示す．

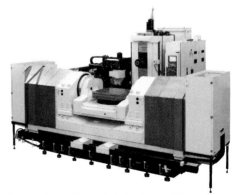

写真16　コラム前後移動タイプの5軸機「YBM 10T-100TT」

表2 「YBM 10T-100TT」の主な仕様

移動量	X軸（mm）	1,500
	Y軸（mm）	1,200
	Z軸（mm）	1,100
	A軸（deg）	+20〜-110
	B軸（deg）	無制限
切削送り速度	X/Y/Z軸（m/min）	5
	A軸（deg/min）	720
	B軸（deg/min）	2,160
主軸（標準）	回転速度（min^{-1}）	10,000
	テーパ穴	ISO No.50
	最大トルク（N・m）	300
主軸（オプション）	回転速度（min^{-1}）	8,000
	テーパ穴	ISO No.50
	最大トルク（N・m）	1,704
テーブル作業面	（mm）	□1,000
テーブル積載可能	最大径×高さ（mm）	φ1,350×900
	質量（kg）	2,000
	モーメント（N・m）	4,900

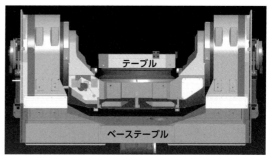

写真17 トラニオンユニットの概略

持ったパレット自動交換装置を標準装備している．さらに，多品種少量の工作物を長時間無人加工運転ができるように，24面の多段パレットストックシステムを装備している．

6. トラニオンタイプ5軸機

コラム前後移動タイプ「YBM 10T-100TT」の外観を写真16に，その主要仕様を表2に示す．

本機は□1000mmパレットの大形の横型MCがベースで，テーブル・オン・テーブルでは工作物の段取りが困難で必然的にトラニオンタイプとなる．複雑な形状の中・大物部品を5軸機で工程集約し効率よく加工できることから，航空機のジェットエンジン部品に代表されるチタン合金やインコネルなどの難削材をターゲットに高精度で高能率に加工できる機械となっている．

[1] チルト（旋回）軸の高剛性化と高精度化

一般的な課題としては，前述のチルト軸（A軸）のひずみによる精度低下の問題がある．

写真17のトラニオンユニットに示すように，トラニオンは大型化したベーステーブルのサイドブラケットに強固に締結され，一体構造のクレードルに回転軸（B軸）が組み込まれている．

クレードルとトラニオンの形状は左右対称で，左右の駆動，フィードバック，軸受等も全て左右対称となっており，複雑な荷重状態や発熱状態においても左右の応力はバランスする構造となっている．

フィードバックには左右同じ高精度エンコーダを使用し，ポジションタンデム制御を行って，クレードルにねじれが働くような荷重条件においても加工ポイントの精度が保たれている．また，左右の旋回軸は単独でも動かせるため，組立途上において左右それぞれの軸とX軸との位置関係を高精度に確認でき，X軸とA軸の平行度を高精度に調整することが可能である．

[2] 主軸の切削能力向上と加工面性状の向上

難削材の加工においては，工具寿命の観点から比較的低速での加工が行われており，効率よく加工するためにはこの回転域での高トルクと重切削に耐える剛性が主軸系に要求される．

本機の主軸頭には2基の主軸モータが搭載され，1基はカップリングにより主軸に直結で，もう1基はギヤの減速器を介して主軸にトルクを伝達する構造となっている．1,200min^{-1}以下の低速域での重切削加

工時には，両方のモータのトルクを利用できるようになっており「トルクタンデム駆動」と呼んでいる．図18にこの主軸頭の外観，図19に断面図を示す．

高速側・低速側モータはそれぞれ最適な特性を持たせており，出力・トルク・回転数とまったく異なり，減速比もまったく異なる条件であるにもかかわらず，それぞれ適正なトルクが出せるような制御が可能となっている．また，$1,201min^{-1}$以上の速度では主軸はギヤ減速機とは切り離され（断面図の状態），直結の高速側モータのトルクのみが伝達される．仕上げ加工時のギヤの振動の加工面への影響を回避し，良好な仕上げ面が得られる．

図20はトルクタンデム駆動と直結駆動での加工面の表面粗さの比較である．切削条件は，φ10mm×4枚刃エンドミルで被削材S50Cを，$S=1,200min^{-1}$，F=114mm/min，Rd=0.05mmで側面加工を行なった．

表面粗さの数値には若干の差があり，トルクタンデム運転では仕上げ面に不規則なカッタマークが確認された．また$1,200min^{-1}$以下の回転数においても加工目的に合わせて直結駆動の選択が可能となっており，仕上げ面の向上だけでなく省エネルギにもつながる機能となっている．

上記と同等のトルク特性を1基のモータで実現しようとすると，2基のモータを合わせた出力のモータが必要となりモータ外形寸法もかなり大きくなり，ダブ

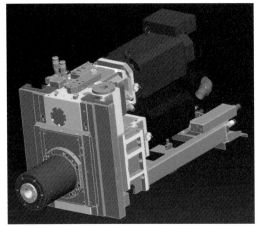

図18　トルクタンデム駆動主軸ユニット

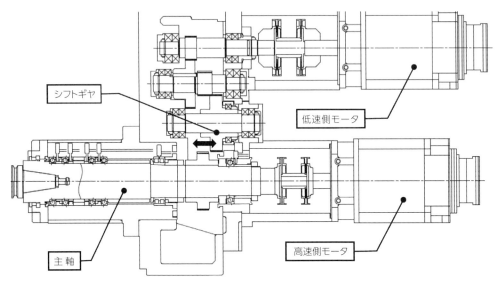

図19　トルクタンデム駆動主軸ユニット断面図

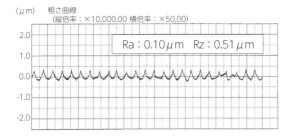

(a) トルクタンデム駆動での加工面粗さ

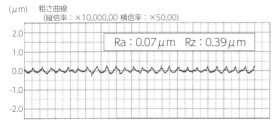

(b) 直結駆動での加工面粗さ

図20 加工面粗さの比較

ルコラムの内幅寸法の制約を受けることになる．2モータ主軸頭とすることでスリムな設計となり，コラム内空間も小さくできるためコラムの剛性向上に寄与している．

[3] 加工事例

①重切削能力

重切削能力を評価するために，ベースマシンである4軸機との切削能力の比較を行なった．被削材は炭素鋼S50Cで，φ125mmのフライスカッタを用いたフェイスミル加工とφ50mmエンドミルによる側面切削とを行った．写真21に加工状況を，表3に加工条件と加工結果を示す．4軸機に比べても同等以上の結果となった．

②難削材加工

チタン合金Ti-6A-4Vを被削材に，φ50mmエンド

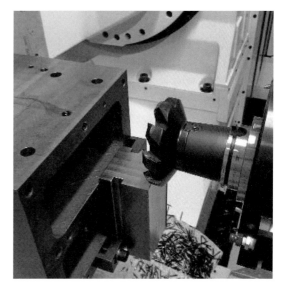

写真21 重切削加工の工具

表3 重切削加工テスト結果

加工条件		加工種別	
		フライス	エンドミル
主軸回転速度	S (min^{-1})	190	320
切削速度	V(m/min)	60	50
送り速度	F(mm/min)	456	96
切込み量	Rd (mm)	75	50
	Ad (mm)	10	50
主軸負荷	(%)	42	22
排出量	Q(cc/min)	342	240

写真22 チタン合金加工

表4 チタン合金加工テスト結果

加工条件		加工種別	
		フライス	エンドミル
主軸回転速度	S (min⁻¹)	800	800
切削速度	V(m/min)	314	125
送り速度	F(mm/min)	2,160	400
切込み量	Rd (mm)	100	50
	Ad (mm)	5	25
主軸負荷	(%)	62	34
排出量	Q(cc/min)	1,080	500

ミルによる溝加工と φ100mm フライスカッタによるフェイスミル加工を行った．写真22 に加工状況を，表4 に加工条件と加工結果を示す．切りくず排出量は工具のチップ欠損が生じ，切削速度に制限が出たためで，主軸負荷には余裕があるので，加工径を大きく刃数を多くすることにより排出量を増やすことが可能と思われる．

③円錐台加工

同時5軸制御での加工精度については，写真23 に示すように，従来から用いられている NAS979 に準拠した円錐台仕上げ加工で評価を行なった．

円錐台側面（φ105mm～140mm）の仕上げ加工による軸直角断面の真円度で評価した．機械3台分の測定結果を表5 に示す．いずれの箇所においても真円度5.0μm以下となっている．

④スパイラルベベルギヤ加工

長時間加工における5軸機の精度安定性を評価するため，スパイラルベベルギヤの切削加工を行った．歯面形状は球面インボリュート，材質はクロムモリブデン鋼 SCM440 で，粗加工後高周波焼入れにて歯面硬度 HRC58 にした後，仕上げ加工を行った．粗加工に16時間，仕上げ加工に74時間という長時間の加工となっている．

写真24 に仕上げ加工状況を，表6 に歯車緒元と歯車精度の測定結果を示す．歯車の精度および各歯面の

写真23 円錐台加工

表5 円錐台加工結果

単位：μm

	測定箇所	機械A	機械B	機械C
真円度	上部	4.18	4.26	4.80
	中央部	4.35	4.20	4.50
	下部	3.76	4.07	3.80

写真24 スパイラルベベルギヤ加工

表6 スパイラルベベルギヤ諸元と測定結果

歯形形状	球面インボリュート
モジュール	12
圧力角（deg）	20
軸角（deg）	90
歯数	74
ピッチ円直径（mm）	888
ねじれ角・方向（deg）	35・右
精度	JIS B1704 N5 相当
歯面形状精度（μm）	±7

形状精度測定には3次元測定機を用い，その結果精度等級はJIS N 5等級相当，歯面の形状精度は±7μmであった．

7. 今後の開発動向

　MCが自動化・無人化・生産性向上を目的にしていることから，今後立形・横型ともに5軸制御機の割合は多くなり，立形・横型という形態にこだわらず，使用される業種や環境に対して最適と思われる基本構成の機械が開発され専用機化が進むと考えられる．

　一方で横型4軸機が，汎用機としてコストを抑えながら性能向上を図り，自動化ラインに順次投入されていくと思われる．

　高精度化のための補正技術や，切削性能向上のための制御技術も高度化していくが，精度・切削性能の安定性や信頼性は機械本体の基本性能に依存する．様々な要因から要求される基本性能は4軸機，5軸機ともに変化していくと思われるがその重要性は変わらない．要求の変化を的確に認識しながら開発を行なっていかなくてはならない．

15 門型マシニングセンタと加工例

1. 門型マシニングセンタとは

門型マシニングセンタ（門型 MC）は，門型構造による高速・高精度・高剛性の実現と大型の工作物を加工可能としたことを特徴とする工作機械であり，代表的な門型 MC「MCR－C」シリーズの外観と主要仕様を**写真1**と**表1**に示す．ここでは，オークマにおける開発事例をもとに解説する．

一般的な門型 MC の構造を**図2**に示す．2本のコラムとクロスビーム，トップビームで門型構造を構成し，アタッチメントヘッド（主軸）はラムによって上

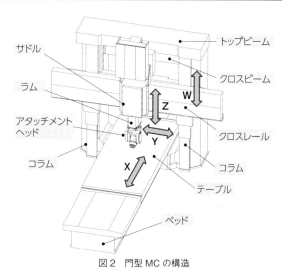

図2 門型 MC の構造

下移動（Z 軸）可能，サドルによってクロスレールに沿った左右方向移動（Y 軸）可能としている．クロスレール昇降型ではクロスレールはコラムに沿って上下方向移動（W 軸）可能である．テーブルはベッドに沿って長手方向移動（X 軸）可能である．加工はテーブル上に工作物を固定しアタッチメントヘッドにセットした工具で行なう．工具自動交換装置（以下 ATC という）を備えており加工内容によって工具を自動交換して加工する．200本を超える工具が保管可能な工具マガジンも搭載可能である．

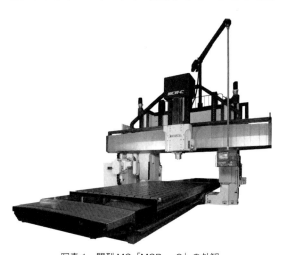

写真1 門型 MC「MCR－C」の外観

表1 門型 MC「MCR-C」の主な仕様

有効門幅	mm	2,650～3,650
テーブル作業面の大きさ	mm	2,000×4,000～3,000×12,000
移動量 [X×Y×Z]	mm	4,200×3,200×1,050～12,000×4,200×1,050
主軸回転速度	min⁻¹	4,000
主軸用モータ	kW	VAC45/37
所要床面の大きさ	mm	7,810×10,730～8,835×27,930

2. 門型 MC の発展経緯

1960年代日本は高度経済成長の真只中であり，将来の高速・大馬力・大型化時代の到来が予感され，構造上の利点から門型 MC の開発が進められた．1970年代には労働力不足から自動化の要求がいっそう強まり，APC（自動パレット交換装置）をはじめ，多数の工具を持った ATC など多様な仕様への対応がなさ

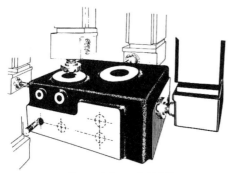

図3 5面加工の切削作業

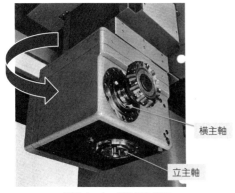

写真4 立・横旋回主軸頭

3. 門型 MC の機能と加工用途

対象となる工作物は自動車用プレス金型,産業機械用の大物部品,大型船舶用エンジンブロックなど多種多様である.段取り換えの困難さと高精度の要求により粗加工から仕上げ加工までを1台で加工できる幅広い対応力が必要となる.また長時間連続加工においても安定した速さと精度を確保でき,長期にわたる耐久性と信頼性が求められる.

[1] アタッチメントヘッド交換方式

粗加工から仕上げ加工までを1台でこなすため,また側面や傾斜面加工の必要性から自動交換式アタッチメントヘッドを採用している.

アタッチメントヘッドの例を図5に示す.立主軸ヘッドのほか,側面加工用の90°アンギュラヘッド,高速回転対応の高速エクステンションヘッド,BC軸を有し工具を任意の方向に自動割出し可能なユニバーサルインデックスヘッドなど多種多様なヘッドの搭載が可能で,複数の主軸ヘッドを組み合せて選択することができる.

AAC(自動アタッチメント交換装置)は,立主軸ヘッド,90°アンギュラヘッドの2種類を主に交換対象としたシンプルな構造のものから,15種類以上のヘッドを搭載・交換可能な大型のものまである.AACの際には主軸をつないで回転力を伝えるスプラインやヘッドに供給する切削油剤,エア,軸受冷却油,場合によってはモータ動力,信号線までも自動で着脱可能な構造となっている.

シンプルな2ステーションAACにおけるヘッド交換動作(立主軸ヘッドから90°アンギュラヘッドへの交換)は写真6に示すとおりで,ヘッド交換動作のシーケンスは,つぎのとおりである.

・主軸割出し
・AAC カバー開　1-1
・Y軸交換位置移動
・立主軸用置き台前進　1-2

れた.

画期的であったのは5面加工機のコンセプトを打ち出したことである.大物部品加工を行なう場合,工作物の取付け,取外し,ケガキ作業には多大の時間を必要とし,また高精度に加工するには熟練の技術が必要であった.5面加工機はそのすべての問題を解決するもので,工作物を一度テーブル上に取付けたら,上面と4側面を自動的に加工するコンセプトである(図3).ラム先端に立・横2主軸を内蔵するC軸方向回転可能な旋回主軸頭(写真4)を有し,1個のATCで立・横2主軸の工具交換可能とした.5面加工機は工作機械業界で広く採用され,業界の発展にも大きく寄与したといえる.その後,自動交換式アタッチメントヘッドを採用することで,さらに幅広い加工対応が可能となった.

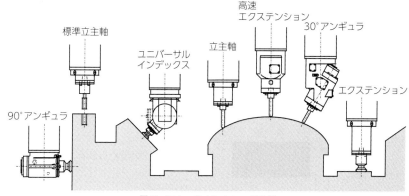

図5 アタッチメントヘッドの例

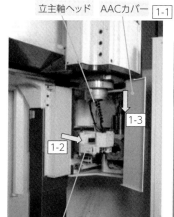

写真6 2ステーションAAC

- 立主軸ヘッド緩め
- Z軸移動，立主軸ヘッド返却 1-3
- 立主軸用置き台退避
- 90°アンギュラヘッド用置き台前進 1-4
- Z軸移動，90°アンギュラヘッド接続 1-5
- 90°アンギュラヘッド締め
- 90°アンギュラヘッド用置き台退避
- AACカバー閉め，交換完了．

[2] 自動工具交換装置（ATC）

5面加工機の特徴は立・横2主軸を搭載することにあるが，工具交換装置，工具マガジンはコスト面からも使い勝手からも1個の装置で対応することが求められる．工具マガジンは左コラムの側面に設置され，数十本から数百本までの収納本数の拡張性を備え，工具交換装置はクロスレールの左袖に取り付けることで，クロスレールの位置（W軸）によらずATC可能としている．立・横工具の交換動作シーケンスを写真7に示す．

工具交換動作のシーケンスは次のとおりで，

- 工具マガジン，次工具割出 2-1
- 次工具を交換装置へ準備
- 交換装置下向き 2-2
- 工具交換指令待ち

この後，立主軸と横主軸で動作が異なる．立主軸の場合には図8のように，

- シャッタ開と同時に交換装置，本機側旋回（下向き） 2-3
- Y軸交換位置移動
- 工具交換 2-4
- Y軸退避位置移動
- 交換装置，マガジン側旋回 2-2
- シャッタ閉

工具マガジン
次工具
工具交換装置

立主軸工具
交換の場合
2-4

横主軸工具
交換の場合
2-6

写真7　立・横主軸のATC動作

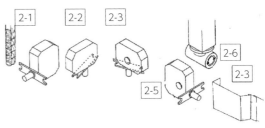

図9　横主軸のATC動作

・交換装置下向き旋回　2-3
・交換装置，マガジン側旋回　2-2
・シャッタ閉
・交換装置，旋回横向き
・工具マガジン，返却位置割出　2-1
・工具返却完了

　30°アンギュラヘッドのように特殊角度の工具交換に対応する場合には，任意角度へ割り出し可能な特殊工具交換装置を準備している．

[3] 熱変位対策[1]

　大形工作機械である門型MCでは熱が精度に与える影響は大きい．工作機械を稼働させると本機や周辺装置からの発熱，加工による発熱，そして工作機械を取り巻く環境の温度変化などが原因となって，機械構造の温度に変化が起きる．その結果，熱変位が生じて加工寸法に誤差が生じる．また，温度変化により構造体が大きく変形する場合には機械の直角度や真直度が変化して形状精度に誤差が生じる．加工時間が長い場合，環境の温度変化による熱変位対策が重要な課題である．
　一般的な方法は熱変位を発生させる大きな要因の一つであるコラムを強制的に温度制御する対策である．コラムは環境温度変化があると図10のように前後の傾きを生ずるが，コラム後側に断熱材を貼り付け，さらにコラム後側に冷却管を配置するなどして，前後の温度差を均一になるように制御（図11）することで，従来に比べ1／3程度の傾きに抑制できる．しかしながら，有効に活用するためには常に装置を動作させる

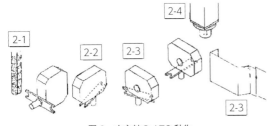

図8　立主軸のATC動作

・交換装置，旋回横向き
・工具マガジン，返却位置割出　2-1
・工具返却完了

一方，横主軸の場合には図9のように，

・シャッタ開と同時に交換装置，本機側旋回（下向き）　2-3
・交換装置前向き旋回　2-5
・Y軸交換位置移動
・工具交換　2-6
・Y軸退避位置移動

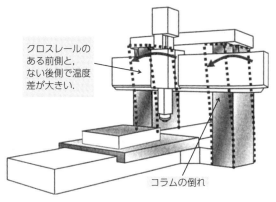

図10 環境温度変化によるコラムの熱変形

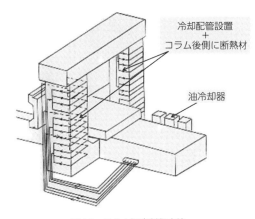

図11 コラム温度制御方法

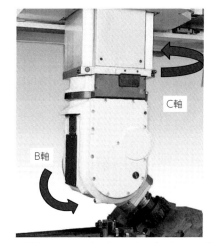

写真12 ユニバーサル・インデックスヘッド

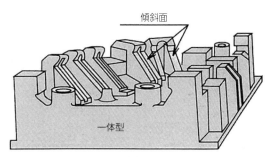

図13 金型のイメージ

必要があり，エネルギ（ランニングコスト）消費の面からの問題があった．またテーブルの熱膨張についても大きな課題であるが有効な対策がなかった．これらについては「サーモフレンドリーコンセプト」[2)]による解決方法が提案されている．「サーモフレンドリーコンセプト」とは，①熱変形の単純化構造（たとえば熱対称コラム），②温度分布均一化の設計技術，③高精度な熱変位制御技術からなる技術で，オークマ独自の熱変位補償システムである．

[4] ユニバーサルインデックスヘッド

ユニバーサルインデックスヘッド（**写真12**）とは，B軸・C軸方向への割出機能を有し任意の傾斜面加工が可能なヘッドである．従来の5面加工のほかに傾斜面と穴加工，形状加工が本ヘッドを使うことにより，1段取りでしかも連続加工が可能となるため，段取り工数・加工工数が大幅に短縮できる．また段取り替えの減少による段取り誤差，ヘッド交換による交換誤差が減少するため加工精度が向上する．本ヘッドの開発は，当初旋盤のスラントベッドを効率よく削るためのものであったが，小型化することにより，金型加工の生産性向上に寄与できるものとなった．とくに効果が高かったのが，それまで別の工作機械で加工していたカムスライドなどの傾斜部分が，本ヘッドを使用することにより一体加工（**図13**）ができるようになりコ

ストが大幅に下がり,「金型の加工概念を変えた」と評価された.現在では同時5軸加工も可能なヘッドが開発されており,さまざまな加工分野で活用されている.

4. プレス金型の加工事例

自動車のサイドパネルアウタのプレス金型の加工例を写真14に示す.

サイドパネルアウタは,自動車の側面部に当たるプレス金型部品であり,自動車のデザイン部となる製品面（アウタ部分）と,ドアと結合する機能面（インナ部）を持っている.デザイン部を重視するアウタ部では,曲面に応じて速く,なめらかに動くことを重視した加工が求められ,凹凸の激しいインナ部分では,高い追従性を重視した加工が要求される.したがって,同金型加工に対しては,高速加工と高い追従性の両方が実現可能な加工機が必要とされる.

この加工例は,10mmの取りしろがある鋳造素材からの荒・仕上げ加工,さらに小径工具を用いた削り残しを除去する隅取り加工までを,最適な主軸ヘッドを選択することで実現した.高出力の立主軸ヘッドでφ50のボールエンドミルを用いた荒加工（写真15）とφ30のボールエンドミルを用いた中仕上げ加工までの高効率加工を行なった.仕上げ加工では,最高回転速度30,000min^{-1}を有するユニバーサルインデックスヘッドにてφ30cBNボールエンドミルを用いた全面仕上げ加工とした.

ユニバーサルインデックスヘッドのBC軸を用いることで,どの方向からでも加工が可能となる.この加工では,主軸ヘッドとの干渉がないアウタ部をB軸10°工具を傾斜させて加工し,これにより周速が0となる点（デッドポイント）を避けた高品位加工を実現した.隅取り加工では,再度立主軸ヘッドを用い,φ20,φ10,φ6のcBNボールエンドミルを使用して高効率加工を行なった（写真16）.

本加工例のように工具を複数本使用し,かつ主軸を複数方向に割り出す加工では,各工具間での加工段差

材質：FC250,素材寸法：3370×1300×850mm
工作物重量：6500kg,総加工時間：114時間28分

写真14　プレス金型の加工例[3]

写真15　φ50ボールエンドミルによる荒加工

写真16　反射する仕上げ加工面

やエリア段差が問題となるため,加工時の時間差・室温変化に対して安定した精度確保が重要となる.

5. 金型加工面品位の評価

金型加工面の不具合事例の代表的なものとして、筋目、縞模様、段差、たたみ目等があり、その原因を要素に分解して特性要因図として示したのが図17である。加工面品位はこれらが複合的に絡み合うため、原因の究明は容易ではない。

金型の手仕上げ工程削減のためには、往復誤差の低減と面粗さを小さくすることが必要である。カスプとはボールエンドミル加工でできたツールマークの先端を指し、ピックフィード方向に顕著に現れる理論面粗さ（カスプハイト）の改善は、工具のピックフィードを小さくすることで実現可能である。図18に示すカスプハイト h は（1）式で計算され、$\phi30mm$ ボールエンドミルでの計算結果例を図19に示す。

$$h = p^2 / 8R \tag{1}$$

ここで、R：ボールエンドミル半径 [mm]
p：ピックフィード [mm]

2000年頃にはピックフィード量は0.7mm程度であったが、現在では0.5mmなかには0.3mmで加工する場合があり、機械性能の向上だけではなく、CAMや工具の開発、プログラムの精度向上が不可欠となってきている。

実際には図17に示した各種要因により、理論式とおりの加工面粗さが得られることはない。ここでは、加工面品位の評価方法の一つとして、目視確認による加工軌跡痕の比率（加工目比率）を指標とした評価法を紹介する。

門型MCで加工する大型金型では、表面品位の測定が困難であるため、写真20に示すような均等な加工目比率となるか、波打った加工目（たたみ目）となるかで評価することができる。

テーブルの往復移動により金型曲面の表面仕上げ加工を行なう場合、制御指令に対する追従遅れや振動、ボールねじのたわみなどの機械的影響によって、図21に示すように往復誤差 δ を生じる。ここで、

$\theta1$：1パス目の交点角度 [rad]
$\theta2$：2パス目の交点角度 [rad]
A：(10-A)：加工目比率

とすると、幾何学的関係より

$$\delta = -R \cdot cos\left[sin^{-1}\{(A \cdot p)/(10 \cdot R)\}\right] \\ + R \cdot cos\left[sin^{-1}\{(10-A) \cdot p)/(10 \cdot R)\}\right] \tag{2}$$

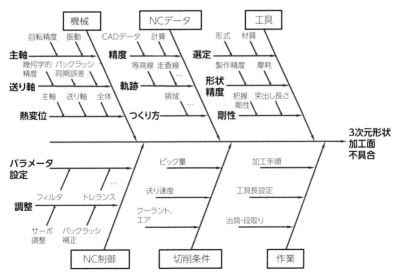

図17 金型加工面品位に関する特性要因

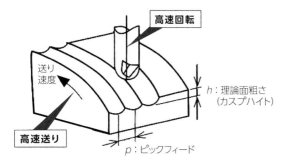

図18 カスプハイト

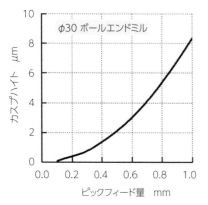

図19 ピックフィードとカスプハイトの関係

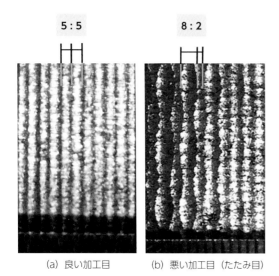

(a) 良い加工目　　(b) 悪い加工目（たたみ目）

写真20 実際の加工例

(2) 式の往復誤差 δ についての計算結果を表2に，表の加工目比率に対応した加工目のイメージを図22の (a) に示す．これらの結果から，加工目比率の目視確認によって容易に往復誤差を推定することが可能となる．

このように均等な加工目比率の多くは，テーブルの往復動作における行き・戻りでの機械の姿勢変化によ

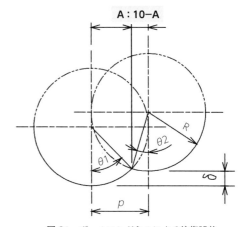

図21 ボールエンドミルによる往復誤差

表2 ピック・加工目比率・往復誤差の関係
（φ30 ボールエンドミルの場合）

ピックフィード [mm]	往復誤差 [μm]		
	加工目比率 6:4	加工目比率 7:3	加工目比率 8:2
0.7	3.3	6.5	9.8
0.5	1.7	3.3	5.0
0.3	0.6	1.2	1.8

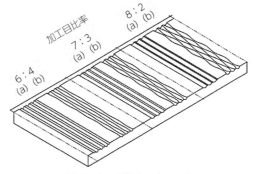

図22 加工目比率のイメージ

るもので，これに加減速の繰返しや機械振動の影響が加わると，図22(b)に示すたたみ目となり，写真20(b)の実際の加工目とよく対応しているのがわかる．

このたたみ目発生の主要因は，大形機ゆえの送り運動の加減速によるボールねじのたわみによる追従遅れ（図23）に起因するもので，通常そのたわみ量は数10μmにも達している．

このたたみ目対策として，指令加速度をもとにボールねじのたわみ量を予測演算して位置，速度，トルクの補償を行ない，金型表面品位の高精度化を達成している（図24）．

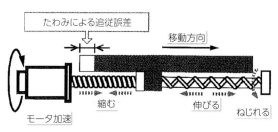

図23 ボールねじのたわみ[4]

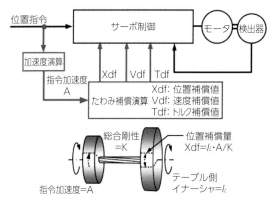

図24 ボールねじのたわみ補償のブロック図

6. 今後の開発動向

門型MCはこれまで数々の機能追加・向上によって，多くの産業の生産革新に貢献してきた．

今後の動向としては，低価格のアジア勢に追従を許さない高速・高精度の機能追求と人間工学を取り入れた使いやすさの向上が必要である．

高速・高精度の機能追求としては，リニアモータ駆動の積極採用という可能性がある．これまでリニアモータ駆動方式は中・小形機への適用によって，一定の成果が得られているが，門型MCへの適用は限定的である．

リニアモータ駆動方式のメリットとしては，①回転モータからボールねじを介して直線加減速するときに発生する駆動系たわみによる微小な追従遅れの回避，②軸反転に伴う象限突起による加工目不具合の回避，③熱膨張による駆動系の連続動作時間制限の回避，④長いボールねじの高速回転時の危険速度の問題回避などがあげられる．

以上より門型MCにリニアモータを適用するメリットは中・小形機に比べて大きいと考えられ，今後の積極的な採用が期待される．

使いやすさの向上に関しては，CNCの知能化・見える化・スピード化による操作性の向上のほかに，人間工学を取り入れた機械カバーの適用が必要と考えられる．門型MCは大形工作機械であるため，工作物の取付けや加工状況確認に作業者が機内へ入る必要があるが，作業者の機内アクセスや工作物搬入の容易化を優先した結果，機械カバーは主軸の周囲と作業者周りだけを囲った簡易的なものであることが多かった〔図25(a)〕．

このようなカバーは一見使いやすいように思えるが，人間工学の観点からいえば作業者空間と加工空間が明確に分離されておらず，作業者に心理的ストレスが加わることで集中力の持続が難しく，真の効率化とならない場合がある．現在では機械カバーには切りくず・切削油剤飛散防止，作業性，安全と心理的な安定の確保までも求められるようになってきている．これらに対応する代表的な機械カバー構造の例を図25(b)に示す．

今後はFMSやAPCといった自動化による作業者

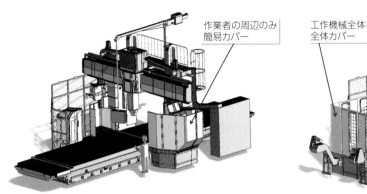
(a) 部分カバー

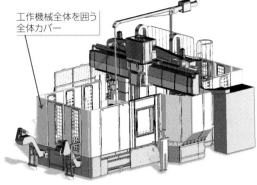
(b) 全体カバー

図25　機械カバー構造の例

のアクセス範囲を段取りステーションまわりに極力限定した方向性と，いつでも容易に機内にアクセス可能なカバー構造という，方向性の二極化が進むと考えられる．

＜参考文献＞

1）古橋静児，千田治光：大形門型工作機械における重要技術，機械技術，55巻12号（2007），p.40
2）西村誠芳：門型マシニングセンタによる高精度金型加工，機械と工具，2007年5月号別冊，p.50
3）小泉孝宏：超高速・高精度門型マシニングセンタによる高付加価値金型加工，機械技術，59巻1号（2011），p.34
4）音羽弘樹：金型製作の高品質リードタイム短縮を実現する高速・高精度門型マシニングセンタ「MCR-H（Hyper）」，型技術，26巻2号（2011），p.30

◇ 執筆者プロフィール ◇

幸田盛堂：第1～8,11章

元 大阪機工（現OKK）代表取締役常務執行役員
現 公益社団法人大阪府工業協会
「工作機械加工技術研究会」コーディネータ
学術博士，日本機械学会・精密工学会フェロー

　1971年に大阪大学工学部精密工学科を卒業，同年大阪機工（現OKK）に入社．当初，筆頭株主であった東洋工業（現マツダ）向けトランスファラインの設計に従事，この間に設計思想，設計ノウハウの多くを習得した．その後，工作機械本体と周辺装置の研究開発に従事．1990年学術博士（金沢大学）．第一設計部長，取締役技術本部長を経て，代表取締役常務執行役員管理本部長兼技術担当となり，企業活動全般について多くの知見を得た．リーマンショック後の2010年にOKK役員を退任．
　2010年度より公益社団法人大阪府工業協会のもとで，工作機械加工技術研究会を主宰し，工作機械技術のレベルアップと若手技術者の育成に取り組む．「モノづくりは人づくり」といわれるように，結局のところ最後は人である．日本の工作機械技術の伝承と若手の育成こそ，今後の日本の工作機械の国際競争力の源泉となると信じて，継続的に教育機会づくりに邁進していく．

酒井茂次：第12章

DMG森精機，執行役員製造開発本部
ターニングセンタ担当兼複合加工機開発部長

　1982年に近畿大学理工学部機械工学科を卒業後，同年に森精機製作所（現DMG森精機）に入社．以来34年間ターニングセンタ設計を担当，SL・NLシリーズの2軸ターニングセンタ，ZL・NZXシリーズの4軸ターニングセンタおよび複合加工機の開発設計業務に携わる．2004年にはビルトイン・モータ・タレットの開発を担当，2011年に執行役員に就任，現在に至る．好きな言葉は「今やらなきゃ何時できる，貴方がやらなきゃ誰がやる」．熱心に部下の指導にあたり後継の育成を進めている．

杉江　弘：第9章

三菱電機・先端技術総合研究所
モータ駆動システム技術部長

　1990年に東京大学大学院工学系研究科産業機械工学専攻修士課程を修了，同年三菱電機に入社．産業システム研究所に配属．Factory Automation関連の機械系およびモーション制御の研究開発に従事，工作機械の運動誤差補正技術などの開発を担当．2007年から2012年まで同社名古屋製作所にてACサーボMR-J4シリーズの開発を担当．2012年同社先端技術総合研究所に所属．現在は工作機械を含む各種産業向けモータ駆動制御技術の研究開発を担当，省エネ，高速高精度，使いやすさ向上による貢献を目指している．

大西賢治：第13章

OKK 取締役上席執行役員技術本部長兼技術開発部長

　1986年に大阪工業大学工学部機械工学科を卒業，同年に大阪機工（現OKK）入社．以来設計一筋．当初は，主として立型マシニングセンタの主軸ユニットの開発設計に従事．また，試作機の設計検証業務にも従事し，熱変位，静剛性，動剛性，振動解析といった基本検証方法を習得した．その後，横型マシニングセンタの開発設計に従事し，OKKの主力機種である「HMシリーズ」の開発商品化に従事．2011年に技術開発部の部長，執行役員技術本部副本部長を歴任し，現在，取締役上席執行役員技術本部長として新機種の開発，新規事業の創成，若手人材育成に注力している．

井原之敏：第10章

大阪工業大学工学部機械工学科教授兼
ものづくりセンター長，博士（工学）

　1985年に京都大学大学院工学研究科精密工学専攻を修了し，4年間京阪電気鉄道にて車両設計エンジニアとして従事．その後，京都大学に戻り，1992年に博士（工学）の学位を取得．2001年から大阪工業大学工学部機械工学科に移り，現在にいたる．その間一貫して，工作機械の精度測定に関する研究に従事し，とくにボールバー（DBB）に関する測定を開発・展開してきた．大学では学生の研究テーマとして加工現象そのものについても取扱っている．

畦川育男：第13章

OKK 技術本部技術開発部
マネージャ開発グループ担当

　1987年に名城大学理工学部機械工学科を卒業，同年に大阪機工（現OKK）に入社．研究開発部にて原子力産業機械，一般産業機械（貨幣圧縁機など），包装機械（紙パックの充填機とケーサ，瓶パレタイザなど）の開発設計に14年従事し，多様な機械の設計を習得．その後，技術開発部にて，工作機械の立型MCVP大型シリーズとVMシリーズの開発設計に従事．現在，開発グループで新機種の開発を担当．「モノづくり」の現場で必要不可欠な工作機械に求められているものを，製品開発に生かして，技術の開発に取り組んでいる．

角田庸人：第 14 章
安田工業・常務取締役技術本部長

1980 年に岡山大学工学部機械工学科を卒業，同年に安田工業に入社．技術部機械設計課に配属となるが数年後に米国駐在，機械の納入試運転・修理などを経験．帰国後は主にＭＣの開発や特殊設計，専用機などの設計に従事．技術部機械設計課長，技術部長，取締役技術部長の後，2012 年に常務取締役技術本部長に就任，現在に至る．制御や補正などのソフトが高度化し重要性が増すなか，状況に応じた工作機械本体構造の最適化を継続していきたい．

袴田隆永：第 15 章
オークマ・第五商品開発プロジェクト
プロジェクトリーダー

2001 年に名古屋工業大学大学院工学研究科生産システム工学専攻修士課程を修了，同年にオークマ入社．当初，リニアモータ駆動門型ＭＣ「MCR-H」の開発設計に従事し，設計思想，解析技術，能力評価・分析，制御技術の多くを習得．その後，複合加工機の開発設計，プレミアムデザイン開発に従事し，2014 年に可児設計三課課長に就任．2016 年より現職第五商品開発プロジェクトプロジェクトリーダーに就任，開発設計に従事．

◆切削加工機・用語・索引◆

・50音順（あ〜ん）

〈あ〉

- アキシャル剛性 …………………… 134
- アタッチメントヘッド …………… 158
- アンギュラ玉軸受 ………………… 56
- アンダシュート …………………… 26
- 安定限界線図 ……………………… 31
- 案内面 ……………………………… 69
- 位置決め精度（誤差） …… 77,97,138
- 一次遅れ ………………………… 36,83
- 位置偏差 ………………………… 19,74
- インデックスヘッド ……………… 161
- インパルス応答 ………………… 28,64
- インペラ加工 ……………………… 130
- インライン搬送 …………………… 117
- ウォームギヤ ……………………… 125
- 浮上り ……………………………… 79
- エアカーテン ……………………… 61
- エンコーダ ………………………… 89
- 円弧補間 ………………………… 80,147
- 円すいころ軸受 ………………… 55,64
- 円錐台加工 ………………………… 154
- 円筒ころ軸受 ……………………… 64
- オイルエア潤滑 …………………… 57
- オイルジャケット冷却 …………… 36
- 応力基準の設計 …………………… 16
- 大形工作機械 …………………… 76,165
- オーバシュート …………………… 26
- 送り駆動系 …………………… 69,73,134
- 音叉形モード ……………………… 29
- 温度制御 ………………………… 144,160

〈か〉

- 改善 ………………………………… 4
- 回転精度 …………………………… 62
- 開発設計 …………………………… 49
- 外部熱源 …………………………… 36
- 外来振動 …………………………… 25
- カウンタバランス ………………… 22
- 角形案内面 ………………………… 70
- 加減速制御・時定数 …………… 30,95
- カスプハイト ……………………… 163
- 加速度 ……………………………… 69
- 片持ちばり ………………………… 19
- 価値 ………………………………… 7
- 過渡振動 …………………………… 25
- 金型加工 ………………………… 110,140
- 狩野モデル ………………………… 48
- 川上・川下 ………………………… 10
- 環境対応 …………………………… 127
- ガントリローダ搬送 ……………… 117
- 機械安全 …………………………… 95
- 機械カバー ………………………… 165
- 機械干渉チェック機能 …………… 94
- 企業風土 …………………………… 6
- 企業文化 …………………………… 9
- 企業力 ……………………………… 7
- きさげ仕上げ …………………… 21,71
- 境界潤滑 …………………………… 75
- 境界条件 …………………………… 40
- 共振周波数 ……………………… 26,91
- 強制潤滑 ………………………… 56,64
- 強制振動 …………………………… 25
- 競争優位性 ………………………… 7
- 切りくず処理 ……………………… 137
- 空気冷却 …………………………… 42
- 偶然誤差 …………………………… 98
- 組合せ型（水平統合型） ………… 12
- グラインディングセンタ（GC） … 117
- グリース潤滑 …………………… 57,64
- クローズドループ方式 …………… 73
- クロスレール …………………… 22,157
- 経営資源 ………………………… 9,46
- 経営品質 …………………………… 7
- 傾斜面加工 ………………………… 94
- 系統誤差 …………………………… 98
- ケイパビリティ（内部能力） …… 8
- 限界切削幅 ………………………… 31
- 研究開発 …………………………… 49
- 研削加工 …………………………… 125
- 減衰 …………………………… 25,26,27
- 現場力 ……………………………… 4
- 高圧クーラントポンプ ………… 118,145
- 航空機部品加工 …………………… 141
- 工具交換時間（Chip to Chip） … 128
- 工具先端点制御 …………………… 92
- 工作機械産業 …………………… 3,10
- 交差格子スケール ………………… 102
- 剛性設計（変位基準の設計） …… 15
- 高速高精度機能 …………………… 84
- 高速主軸 …………………………… 58
- 工程設計 …………………………… 46
- 顧客満足度 ………………………… 48
- 国際競争力 ……………………… 3,10
- 誤差 ………………………………… 98
- 固体摩擦 …………………………… 74
- ゴムマウント ……………………… 31
- 固有振動数 ………………………… 26
- 固有モード ………………………… 27
- コラム ……………………………… 38
- コラムトラベリング形 …………… 143
- ころがり案内 …………………… 20,69,134
- ころがり軸受 ……………………… 20
- コンクリート基礎 ………………… 21

〈さ〉

- サーボゲイン ……………………… 88
- サーボ剛性 ………………………… 76
- サーボ性能 ………………………… 73
- サーボモータ ……………………… 73
- 再生効果 …………………………… 31
- 再生びびり ……………………… 25,31
- 残留振動 ………………………… 25,29,30
- 軸受間隔 …………………………… 62
- 軸受潤滑法 ………………………… 60
- 軸受摩擦 …………………………… 64
- システムゲイン …………………… 74
- 時定数 ……………………………… 36

自動工具交換装置（ATC）	製品ライフサイクル ………………… 6	直列結合ばね ………………………… 20
…………………………… 107,128,157	製品力 ……………………………… 6,77	直角度 ………………………………… 145
自動車生産 ……………………………… 3	設計・開発計画書 ……………… 51,77	直結駆動主軸 ……………………… 57,152
自動パレット交換装置（APC）… 143,157	設計環境 ……………………………… 50	ツールマーク ………………………… 163
集中質量系 …………………………… 37	設計検証 ……………………………… 51	ツルーイング ………………………… 117
周波数応答 ………………………… 26,95	設計資産 ……………………………… 50	定圧予圧 ……………………………… 64
主軸 ………………………………… 36,55	設計審査 ……………………………… 51	定位置予圧 …………………………… 64
主軸テーパ No.40 ………………… 150	設計品質 …………………………… 3,51	低価格戦略 MC ……………………… 111
主軸頭 ………………………………… 55	設計力 ………………………………… 49	テーブル・オン・テーブルタイプ …148
樹脂摺動面 …………………………… 71	切削油剤 ……………………………… 145	デザインポリシー ………………… 49,133
象限突起 ……………………………… 82	切削力 …………………………… 22,79	伝達関数 ……………………………… 38
消費財 ………………………………… 9	接触剛性 ………………………… 30,79	動剛性（動的変形特性）………… 17,25
自励振動 …………………………… 25,31	接触熱抵抗 …………………………… 40	等価質量 ……………………………… 25
真円切削 ……………………………… 81	設備機械 ……………………………… 10	同期タップ加工 ……………………… 90
シングルアンカ方式 ………………… 82	セミクローズドループ方式 ………… 73	動的精度 ……………………………… 97
振動減衰能 …………………………… 75	セラミックス ………………………… 117	動特性 ………………………………… 28
振動伝達率 …………………………… 31	セラミックス軸受 …………………… 57	特殊部品加工 ………………………… 110
水溶性 ………………………………… 145	旋回軸（チルト軸）………………… 151	トラニオンタイプ …………………… 148
ステップ応答 ……………………… 26,38	旋盤 …………………………………… 107	トルクタンデム駆動 ………………… 152
ストライベック線図 ………………… 79	線膨張係数 …………………………… 36	ドレッシング ………………………… 117
スピニング加工 ……………………… 130	操作性 …………………………… 132,146	
スプラッシュガード ………………… 145	組織風土 ……………………………… 9	〈な〉
すべり案内 ……………………… 69,134		内部熱源 ……………………………… 36
スラントベッド ……………………… 121	〈た〉	中ぐり主軸 ………………………… 23,28
擦り合せ型（垂直統合型）………… 12	ターニングセンタ …………………… 122	ならい加工 …………………………… 111
静剛性（静変形特性）………… 17,132	ターンミル加工 ……………………… 130	難削材加工 ……………………… 140,150
静圧空気軸受 ………………………… 138	多軸化・複合化 …………………… 109,122	熱変形・熱変位 ……………… 36,82,160
静圧案内 ……………………………… 75	たたみ目 ……………………………… 165	熱剛性（熱変形特性）………… 17,36
静コンプライアンス ………………… 20	立型マシニングセンタ(MC)… 30,92,131	熱対称構造 ……………………… 131,144
生産管理 ……………………………… 46	立てフライス盤 ……………………… 45	熱伝達 ………………………………… 36
生産財 ………………………………… 9	妥当性確認 …………………………… 51	熱伝導 ………………………………… 36
生産設計 ……………………………… 46	多能工 ………………………………… 4	熱放射（熱輻射）…………………… 36
生産の 4M …………………………… 13	多刃工具 ……………………………… 25	熱容量 ………………………………… 36
生産力 ………………………………… 6	ダブルアンカ …………………… 73,135	粘性摩擦 …………………………… 27,74
製造品質 ……………………………… 4	多連 APC …………………………… 132	
製造力 ………………………………… 3	多連マガジン（MG）……………… 132	〈は〉
整定時間 …………………………… 26,38	断続切削 ……………………………… 31	ハイブリッド案内面 ………………… 138
静的精度 ……………………………… 97	断熱材 ………………………………… 160	ハイブリッド加工 …………………… 128
精度補償 ………………………… 43,98	断面二次モーメント ………………… 19	歯車駆動 ……………………………… 56
製品競争力 …………………………… 13	力の流れ ……………………………… 17	バックラッシ ……………………… 77,90
製品設計 ……………………………… 46	中空ボールねじ …………………… 83,135	発振（ハンチング）………………… 73

ばね-質量系 ………………… 25
ばね定数 …………………… 25
早送り速度 ………………… 69
バランスシリンダ ………… 147
パルスモータ ……………… 45
バンド幅法 ………………… 27
販売力 …………………… 6,131
ひざ形フライス盤 ………… 29
微小線分 ………………… 113
ピックフィード …………… 163
びびり振動 ……………… 23,31
ビルトインモータ …… 57,124,136
品質ロスコスト …………… 51
フィードバック制御 ……… 89
フィードフォワード制御 … 89
風速 ………………………… 40
複合加工機 ………… 107,123,127
複列円筒ころ軸受 ………… 56
フライス盤 ……………… 107
ブランドイメージ ………… 9
プリテンション ………… 135
プレス金型 ……………… 162
プロダクト・アウト ……… 48
ブロック線図 ……………… 31
並列結合ばね ……………… 20
ベベルギヤ加工 ……… 137,154
偏差 ………………………… 98
放射伝熱 …………………… 41
ボーリングバー ………… 125
ボールガイド ……………… 69
ボールねじ ……… 36,69,89,135,165
ボールねじ支持方式 ……… 73
母性原則（転写原理） …… 15
ホブ加工 ………………… 129

〈ま〉
マーケット・イン ………… 48
マーケティング …………… 46
曲げ剛性 …………………… 19
マザーマシン ………… 11,15
マシニングセンタ ……… 107

マズローの価値観 ………… 50
マトリックス MG ……… 132
門型マシニングセンタ（門型 MC）
……………………… 22,131,157

〈や〉
焼付き ……………………… 60
有限要素法（FEM） …… 29,40,43
床振動 ……………………… 31
油冷却 ……………………… 43
予圧（予荷重） ………… 20,55
横型マシニングセンタ（横型 MC）… 38,143
横中ぐり盤 ………………… 17

〈ら〉
力量 …………………… 51,153
リサージュ波形 …………… 64
リニアガイド ………… 20,69
リニアスケール …………… 73
リニアモータ ………… 69,111,165
流体潤滑 …………………… 75
流体摩擦 …………………… 27
量産部品加工 …………… 110
量産ライン対応 ……… 115,132
輪郭精度 ……………… 80,159
レーザ加工 ……………… 128
レーザ積層 ……………… 129
レベリングブロック ……… 29
ローラガイド ……………… 69
ロストモーション …… 77,138
ロッキングモード ………… 29
ロバスト設計 ……………… 51
ロボット搬送 …………… 117

〈わ〉
ワーク特化型 MC ……… 111
割出しテーブル ………… 143

〈英数字〉
AAC（自動アタッチメント交換装置）158
CAD/CAM ………………… 87
C 形コラム ……………… 131
DBB（ダブルボールバー）… 80,99,147
DC/AC モータ …………… 89
DD モータ …………… 111,150
d_mn 値 …………………… 57
HSK ……………………… 128
ISO9001 品質マネジメントシステム … 52
Mother machine ……… 11,15
NC（数値制御装置） …… 87,107
NC 化率 …………………… 45
NC 旋盤 ………………… 121
NC テーブル …………… 143
NC フライス盤 …………… 45
QCD ………………… 12,13,111
QC サークル ……………… 4
rocking mode …………… 29
tuning-fork mode ……… 29
1 自由度振動系 …………… 25
2 次振動系 ………………… 26
3C 分析 …………………… 48
4P ………………………… 47
5 軸加工機 …… 92,103,124,139,148,158
7/24 テーパ No.50 ……… 136

21世紀の工作機械と設計技術
　モノづくりの基本「切削加工機」（定価はカバーに表示してあります）

| 2018年6月28日　初版第1刷発行 | 著　者　工作機械加工技術研究会編（代表：幸田盛堂） |

発行者　金　井　　　實

発行所　株式会社　大　河　出　版

〒101-0046　東京都千代田区神田多町2-9-6田中ビル6階
　　　　　TEL 03-3253-6282（営業部）
　　　　　　　03-3253-6283（編集部）
　　　　　　　03-3253-6687（販売企画部）
　　　　　FAX 03-3253-6448
　　　　　Eメール：info@taigashuppan.co.jp
　　　　　郵便振替　00120-8-155239番

表紙カバー製作　（有）VIZ

印　刷・製　本　三美印刷株式会社

・この本の一部または全部を複写，複製すると，著作権と出版権を侵害する行為となります．
・落丁，乱丁本は営業部に連絡いただければ，交換いたします．

©2018 Printed in Japan　ISBN=978-4-88661-451-3　C1050

◆技能ブックスは，切削加工の基本：全20冊◆

[20]金属材料のマニュアル
　鉄・鋼にはじまり，軽金属，銅合金，その他の合金材料を解説

[19]作業工具のツカイカタ
　チャック，バイスなどの機械加工に必須の作業工具から，スパナ，ドライバなどを解説。

[18]油圧のカラクリ
　目に見えない油圧機構はわかりにくいが，配管で結ばれる油圧装置とバルブ，部品を説明．

[17]機械要素のハンドブック
　軸，軸受や，ねじとか，歯車，ベルトなど・・どんな働きをするのか．

[16]電気のハヤワカリ
　機械工場に関する電気を，機械や向きの例によってわかりやすく説明．

[15]機構学のアプローチ
　その原理を，ややこしい数式などは使わないで，豊富な写真で基本を紹介

[14]NC加工のトラノマキ
　NCテープの作成法，NC装置，加工図からプログラミング手順を解説．

[13]歯車のハタラキ
　基本，ブランク，歯切り，測定など加工のこと，損傷対策，潤滑まで解説

[12]機械図面のヨミカタ
　加工者と発注人が顔を合わせなくても用が足りるのが図面：共通のルール．

[11]機械力学のショウタイ
　現場で力を使う作業は毎日の作業，仕事の中にあるから，身近な実例をあげて，図解．

[10]穴あけ中ぐりのポイント
　ボール盤，旋盤，BTA方式やガンドリルによる加工と工具も解説．

[9]超硬工具のカンドコロ
　バイト，フライスカッタ，ドリル，リーマなどを工具ごとに，用途，選びかたを解説．

[8]研削盤のエキスパート
　精度の高い機械からよりよいワークに仕上げるための技能を解説

[7]手仕上げのベテラン
　ノコの使い方，ケガキの方法，ヤスリ，キサゲ，タガネ，板金，最新の電動工具の使い方

[6]工作機械のメカニズム
　使う立場から，工作機化の各部の内部構造や動作原理を知るテキスト．

[5]ねじ切りのメイジン
　種類と規格，バイトの形状と砥ぎ方，おねじ，めねじ切削のポイントを解説．

[4]フライス盤のダンドリ
　カッタの選定，取付けアタッチメント，加工手順の工夫などを解説．

[3]旋盤のテクニシャン
　構造，円筒削り，端面，突切りなど，ビビリやすいワークの対応や治具，ヤトイを解説．

[2]切削工具のカンドコロ
　バイト，フライス，ドリル，さらにリーマ，タップ，ダイスなどを解説

[1]測定のテクニック
　マイクロメータ，ブロックゲージ，限界ゲージの測定法，簡単な補修法，基本的な使いかた．

☆さらに機械加工を深く知る　テクニカブックス☆
　　　・旋盤加工マニュアル　　・フライス盤加工マニュアル　　・ドリル・リーマ加工マニュアル
　　　　　　　　　　　　　　　　　　　　　　　・形彫り・ワイヤ放電加工マニュアル
　　　　　　　　　　　　　　・油圧回路の見かた組み方/熱処理108つのポイント
　　　　　　　　　　　　　　　・ターニングセンタのNCプログラミング入門
　　　　　　☆現場の切削加工・月刊誌「ツールエンジニア」(技能士の友を改題)

◆でか判技能ブックス　B5判150頁　全21冊◆

① **マシニングセンタ活用マニュアル**　MC入門，プログラミング加工例，ツールホルダ，ツーリング，段取りと取付具を解説．

② **エンドミルのすべて**　どんな工具か（種類と用途），なぜ削れるか（切削機構と加工精度など），周辺技術も説明．

③ **測定器の使い方と測定計算**　現場測定の入門書として，測定の基本，精密測定器，測定誤差の原因と測定器の選び方と使い方．

④ **NC旋盤活用マニュアル**　多様なNC旋盤を活用するための入門書で，NC旋盤入門，ツールと段取り，プログラミング，ツーリングテクニックを解説．

⑤ **治具・取付具の作りかた使い方**　旋盤，フライス盤，MC，研削盤用の取付具を集めた．取付具と設計のポイント，効果的な使用法など．

⑥ **機械図面の描きかた読み方**　機械図面をJISに基づき，設計側，加工側，測定側に立って，形状，寸法，精度などを解説．

⑦ **研削盤活用マニュアル**　研削の基本から，砥石とはどんなものか，砥粒の種類，砥石の修正，セラミックスなど難削材の加工，トラブルと解決法を解説．

⑧ **NC工作機械活用マニュアル**　NC加工機を，いかに活用するかを解説．NC工作機械の歴史，構成と機能，プログラミング，自動化システム，ツーリングなど．

⑨ **切削加工のデータブック**　切削データ180例，加工法別のトラブル対策，材料ごとの工具材種による切削条件，切削油剤の使い方，加工事例を集めた加工データバンク．索引付き．

⑩ **穴加工用具のすべて**　ドリルの種類と切削性能，ドリルの選び方使い方，リーマの活用，ボーリング工具を解説．

⑪ **工具材種の選び方使い方**　ハイス（高速度鋼）からダイヤモンド被覆まで，材種の種類と被削材との相性，加工にのポイントなど．

⑫ **旋削工具のすべて**　旋盤で使う工具の種類と工具材料，旋削の基本となる切削機構，工具材料と切削性能，バイト活用などを解説．

⑬ **機械加工のワンポイントレッスン**　切削加工で，疑問が生じたり，予期せぬトラブルに遭遇する．疑問やトラブルの解決，発生を防ぐ．

⑭ **よくわかる材料と熱処理Q&A**　Q&A形式の読切り方式で，材料と熱処理に関する疑問や問題点を説明．

⑮ **マシニングセンタのプログラム入門**　プログラム作成の基本例題を挙げ，ワーク座標系の考え方，工具径補正，工具長補正，穴あけ固定サイクルなどをプログラムを詳細説明．

⑯ **金型製作の基本とノウハウ**　基礎知識を理解し，加工に必要な工作機械とツーリングも紹介し，製作・加工技術のヒント．

⑰ **CAD/CAM/CAE活用ブック**　機械設計のツールであるCAD，切削加工を支援するCAM，適切な加工条件を設定し，またシミュレーションによるCAEで設定を行なうツールの使いかたを解説．

⑱ **難削材＆難形状加工のテクニック**　高硬度材，セラミックスなど削りにくい難削材や高度な技術や技能，ノウハウが必要な難形状加工ワークの技術情報を網羅．

⑲ **MCカスタムマクロ入門**　F社製NCシリーズM15を例にして，カスタムマクロ本体の作成法を記述．

⑳ **機械要素部品の機能と使いかた**　複雑なメカニズムが組込みシステムに置き換えられているが，機械的な動作を伴う部分は，動作ユニットとして機械要素が重要である．

21 **MCのマクロプログラム例題集**　F社製NC装置シリーズ15Mを例に，カスタムマクロの例題として20問を選び，網羅した．